Klaus Fritzen **Holzbaubemessung Kompakt**

Holzbaubemessung Kompakt

Formeln für die Praxis

Mit 43 Abbildungen und 33 Tabellen

Klaus Fritzen, Dipl.-Ing. (FH)

Herausgeber: BAUEN MIT HOLZ Redaktion

Bibliografische Information der Deutschen Nationalbibliothek
Die Deutsche Nationalbibliothek verzeichnet diese Publikation in der Deutschen Nationalbibliografie; detaillierte bibliografische Daten sind im Internet über http://dnb.d-nb.de abrufbar.

1. Auflage 2009

Maßgebend für das Anwenden von Normen ist deren Fassung mit dem neuesten Ausgabedatum, die bei der Beuth Verlag GmbH, Burggrafenstr. 6, 10787 Berlin, erhältlich ist.

Maßgebend für das Anwenden von Regelwerken, Richtlinien, Merkblättern, Hinweisen, Verordnungen usw. ist deren Fassung mit dem neuesten Ausgabedatum, die bei der jeweiligen herausgebenden Institution erhältlich ist. Zitate aus Normen, Merkblättern usw. wurden, unabhängig von ihrem Ausgabedatum, in neuer deutscher Rechtschreibung abgedruckt.

Das vorliegende Werk wurde mit größter Sorgfalt erstellt. Verlag und Autor können dennoch für die inhaltliche und technische Fehlerfreiheit, Aktualität und Vollständigkeit des Werkes keine Haftung übernehmen.

Wir freuen uns, Ihre Meinung über dieses Fachbuch zu erfahren.
Bitte teilen Sie uns Ihre Anregungen, Hinweise oder Fragen per E-Mail: info@bruderverlag.de oder Telefax: 0221 5497-130 mit.

Umschlaggestaltung: Satz+Layout Werkstatt Kluth GmbH, Erftstadt
Satz: Satz+Layout Werkstatt Kluth GmbH, Erftstadt
Druck und Bindearbeiten: Media-Print Informationstechnologie GmbH, Paderborn
Printed in Germany

ISBN 978-3-87104-158-7

Vorwort

DIN 1052:2008-12 als konsolidierte Fassung der Ausgabe DIN 1052:2004 ist seit Juli 2009 die in Deutschland alleine gültige, nationale, bauaufsichtlich maßgebliche Norm für „Entwurf, Berechnung und Bemessung von Holzbauwerken". Alternativ ist es möglich, den Eurocode 5, die europäische Vornorm DIN V ENV 1995-1-1 „Entwurf, Berechnung und Bemessung von Holzbauwerken", zusammen mit dem zugehörigen „Nationalen Anwendungsdokument" (NAD) anzuwenden.

Trotz vieler unterstützender Maßnahmen und Veröffentlichungen mit hervorragenden Ausarbeitungen zum Verständnis wurde die Umstellung auf das europäische, semiprobabilistische Sicherheitssystem von den Holzbauschaffenden in Deutschland nur sehr zögerlich oder noch nicht vollzogen. Die Novellierung von DIN 1052:1988-04 einschließlich der Umarbeitung auf das neue Sicherheitsssystem gestaltete sich langwierig und schwierig. Befördert durch wiederholte Verlängerungen der Koexistenzphasen zwischen „alter" und „neuer" DIN 1052 wurde von vielen Praktikern sehr lange keine Notwendigkeit gesehen, sich DIN 1052 „neu" anzunehmen und diese zu benutzen.

DIN 1052 „neu" ist ein hervorragendes Regelwerk, das dem Holzbau viele neue Möglichkeiten erschließt. In Folge dieses gegenüber „alt" enorm gewachsenen Angebots an Berechnungs- und Bemessungsmöglichkeiten ist die Norm entsprechend umfassend. Diese Fülle und Komplexität ist durch eine äußerst stringente und klare Gliederung sowie durch knappe, präzise Formulierungen sehr kompakt genormt. Die Regeln sind infolgedessen vielfach verschachtelt und die mathematischen Formulierungen häufig geprägt von Verschachtelungen, Winkel- und Exponentialfunktionen.

Eine Vielzahl der beratenden Ingenieurbüros und Holzbauunternehmen ist in ihrem Tätigkeitsfeld nur mit einem recht kleinen Anteil der Möglichkeiten, die DIN 1052 „neu" bietet, befasst. Diesen Teilnehmern am Holzbau ist an einem Extrakt aus der umfassenden Norm für die Zwecke, welche einen Großteil ihres Tuns abdecken, gelegen. Dieses Extrakt bietet das vorliegende Werk. Es basiert konsequent auf der Norm. Um dies nachvollziehbar zu machen, sind die Nachweise für die Richtigkeit der Vereinfachungen dargelegt und überprüfbar.

Klaus Fritzen, im Juni 2009

Inhaltsverzeichnis

Kapitel I

Vereinfachte Bemessung

1 Anwendungsbereich

1.1 Grundlagen

Dieses Werk basiert auf DIN 1052:2008-12 und ersetzt diese nicht. Es enthält von den Regeln dieser Norm abgeleitete Regeln. Es werden, wenn nicht anders angegeben, die Begriffe und Formelzeichen nach DIN 1052 verwandt. Die Definitionen der Formelzeichen sind jeweils bei den Formeln angegeben, die Begriffe werden als bekannt vorausgesetzt.

1.2 Geltungsbereich

Dieses Werk gilt nur für:

gerade und ebene, einteilige Bauteile und Bauwerksteile mit konstantem Rechteckquerschnitt aus:
- Vollholz, Schnittholz aus Nadelholz, mindestens der Klassen S10 bzw. C24,
- Balkenschichtholz aus Nadelholz nach bauaufsichtlicher Zulassung,
- Brettschichtholz aus Nadelholz der Klassen GL24h und GL28h,

ebene Platten aus:
- Sperrholz,
- kunstharzgebundenen Spanplatten,
- OSB-Platten
- Stahlblech

sowie mit Verbindungen durch:
- Stabdübel,
- Passbolzen,
- Bolzen,
- Nägel mit rundem Schaft in nicht vorgebohrten Löchern,
- Klammern,
- Ring- und Scheibendübel,
- Holznägel,

wenn diese der Nutzungsklasse 1 oder 2 zugeordnet werden können und mit einer Werkstofffeuchte von höchstens 20 Massen-Prozent eingebaut werden.

Es gilt nur für Druckstäbe und Biegestäbe mit einer ständigen Beanspruchung von weniger als 70 % der Gesamtbeanspruchung.

Es gilt nur für Nachweise, die nach Theorie I. Ordnung möglich und erlaubt sind.

Es gilt nur für Bauwerke und Bauwerksteile für den Hochbau. Es gilt auch für Bau- und Lehrgerüste, Absteifungen und Schalungsunterstützungen, soweit nicht an anderer Stelle anderes bestimmt ist.

Es gilt nur bei vorwiegend ruhender Belastung, ausgenommen davon sind die Einwirkungen aus Erdbeben.

Es gilt nicht für Bauwerke und Bauwerksteile, die längere Zeit Temperaturen von mehr als 60 °C ausgesetzt sind.

2 Annahmen der Einwirkungen

2.1 Äußere Einwirkungen

Die Annahme der Einwirkungen ist nach DIN 1055-100 vorzunehmen.

Einwirkungen durch Feuer sind entsprechend den diesbezüglichen Vorschriften zu berücksichtigen, soweit es die Tragsicherheit betrifft.

Einwirkungen aus Transport- und Montagezuständen sind zu berücksichtigen. Können diese nicht aus Erfahrung zuverlässig beurteilt werden, so ist die Tragsicherheit für diese Zustände nachzuweisen.

Einwirkungen aus Temperaturveränderungen dürfen normalerweise vernachlässigt werden.

Feuchteeinwirkungen sind vorzugsweise durch bauliche Maßnahmen gering zu halten. Die Notwendigkeiten, chemischen Holzschutz wegen Feuchteeinwirkungen einzusetzen, sind zu beachten. Bei metallischen Bauteilen ist ein den Feuchteeinwirkungen angemessener Schutz vorzusehen. Quell- und Schwindverformungen des Holzes sind als Einwirkungen zu berücksichtigen, wenn sie die Tragsicherheit verringern oder die Gebrauchstauglichkeit unzuträglich verändern.

Einwirkungen durch tierische Holzschädlinge sind durch geeignete Maßnahmen (Insektenunzugänglichkeit, chemischer Holzschutz) auszuschließen, oder es ist eine Kontrollierbarkeit der Bauteile sicherzustellen, die frühzeitig Zerstörungen durch tierische Schädlinge erkennen lässt.

Einwirkungen aus Baugrundveränderungen sind zu berücksichtigen, wenn sie die Tragsicherheit um mehr als 10 % gegenüber dem Zustand ohne Baugrundveränderungen verändern.

2.2 Einwirkungen aus dem inneren Systemzusammenhang

Einwirkungen, die sich innerhalb von statischen Gesamtsystemen aus anzusetzenden Schrägstellungen, Vorverformungen und Verformungen sowie Erfordernissen der Stabilisierung von knickgefährdeten Bauteilen ergeben, sind entsprechend den verursachenden Einwirkungen zu berücksichtigen.

3 Schnittgrößenermittlung

3.1 Schnittgrößen aus unmittelbaren Einwirkungen

Die Schnittgrößen dürfen unter Annahme linear-elastischen Verhaltens der Baustoffe und Verbindungen ermittelt werden.

Bei Trägern ist der Abstand der Auflagermitten als Stützweite anzunehmen, jedoch braucht nicht mehr als das 1,05-Fache der lichten Feldweiten in Rechnung gestellt zu werden.

Bei fachwerkartigen Bauteilen, die ausschließlich aus Dreiecken aufgebaut sind, dürfen die Knoten in den Schnittpunkten der Systemlinien und die Anschlüsse als gelenkig angenommen werden, wenn:

- die Auflagerfläche unterhalb des Auflagerknotens liegt,
- die Höhe des Fachwerkträgers in Feldmitte größer als 15 % seiner Stützweite und größer als das 7-Fache seiner Gurthöhe ist,

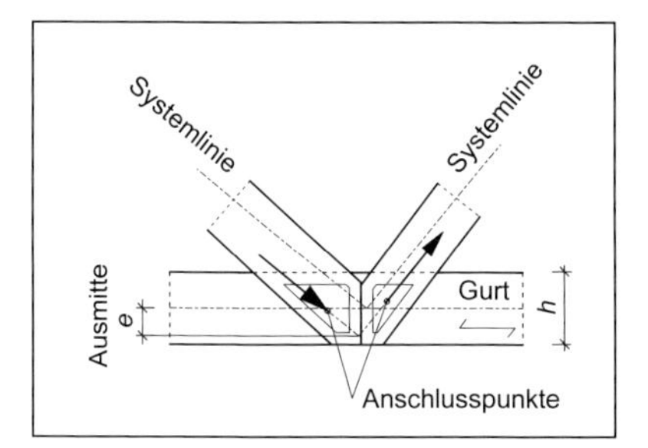

Bild 1: Definition der Ausmitten beim Anschluss von Füllstäben eines Fachwerks an einen durchlaufenden Gurt

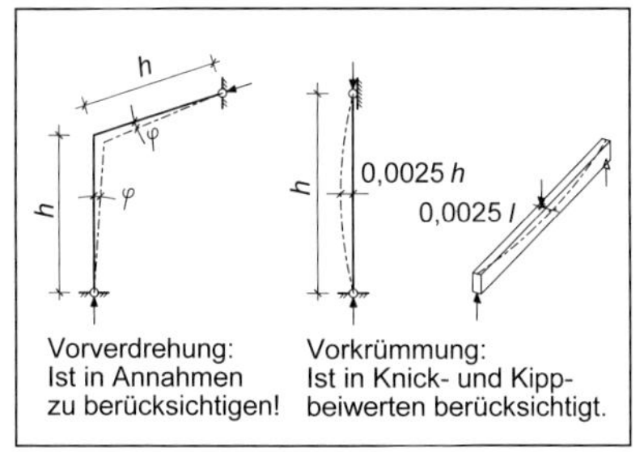

Bild 2: Vorverdrehung und Vorkrümmung von auf Druck beanspruchten Stäben

- der kleinste Winkel zwischen Stäben, die an Gurte anschließen, und dem jeweiligen Gurt größer als 15° ist,
- die Systemlinien
  - in den Achsen der Gurte liegen,
  - bei Füllstäben innerhalb deren Ansichtsflächen liegen,
- bei an Knoten durchlaufenden Gurten, deren Biegemomente unter Berücksichtigung der Durchlaufwirkung in Rechnung gestellt werden,
- die Ausmitte flächiger Anschlüsse von Füllstäben an durchlaufende Gurte kleiner als die halbe Gurthöhe entsprechend *Bild 1* ist,
- die Ausmitte von Anschlüssen der Füllstäbe bei deren Bemessung berücksichtigt wird.

Für andere Stabwerke als die zuvor beschriebenen fachwerkartigen Bauteile wird auf DIN 1052:2008-12 verwiesen.

3.2 Schnittgrößen infolge von Vorverdrehungen und Vorkrümmungen

3.2.1 Ungewollte Schrägstellung von auf Druck beanspruchten Stäben

Es muss eine Vorverdrehung im unbelasteten Zustand gegenüber dem planmäßigen Zustand um den Winkel φ im Bogenmaß (in *Bild 2* dargestellt) in ungünstigster Konstellation (symmetrisch, antimetrisch) angenommen werden von:

$$\varphi = 0{,}005 \text{ für } h \leq 5 \text{ m}$$

$$\varphi = 0{,}005 \cdot \sqrt{\frac{5}{h}} \text{ für } h > 5 \text{ m}$$

mit:
h = Höhe in m

3.2.2 Vorverformungen

Informativ: Die Vorverformungen aus materialbedingten Imperfektionen *(Bild 2)* sind in den Ansätzen der Ersatzstabverfahren nach [8.4.2] und [8.4.3] für Knicken und Biegedrillknicken (Kippen) berücksichtigt.

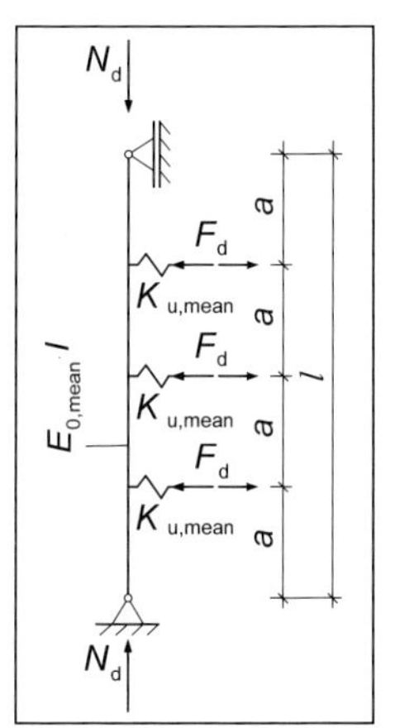

Bild 3: Abstützungen zur Unterteilung der Knicklänge eines Druckstabes

3.2.3 Zwischenabstützungen von Druckstäben

Bei Zwischenabstützungen zur Unterteilung der Knicklänge von Druckstäben muss zusätzlich zu äußeren Lasten angenommen werden:

als Abstützungskraft F_d
bei Vollholz und Balkenschichtholz:

$$F_d = \frac{N_d}{50}$$

bei Brettschichtholz:

$$F_d = \frac{N_d}{80}$$

für Aussteifungsverbände, die die Abstützungskräfte aufnehmen, zusätzlich zur äußeren Einwirkung als gleichmäßig verteilte Ersatz-Streckenlast:

$$q_d = \frac{N_d}{30 \cdot \ell}$$

mit:
N_d = mittlere Druckkraft des Stabes
ℓ = Gesamtlänge des Stabes

Jede Einzelabstützung muss unabhängig davon eine Steifigkeit aufweisen von:

$$K_{u,mean} = \frac{4 \cdot \pi^2 \cdot E_{0,mean} \cdot I}{a^3}$$

mit:
$E_{0,mean}$ = mittlerer E-Modul des Druckstabes
I = Flächenträgheitsmoment des Druckstabes, in Richtung der Zwischenabstützung drehend
a = Abstand der seitlichen Abstützungen

Die spannungslose Vorkrümmung zwischen den Abstützungen darf höchstens betragen:
$a/300$ bei Vollholz und Balkenschichtholz
$a/500$ bei Brettschichtholz.

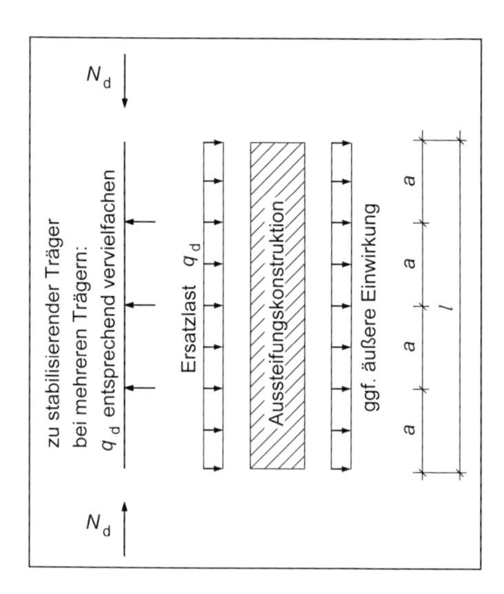

Bild 4: Abstützung zur Stabilisierung der Druckzone eines Biegeträgers durch eine Aussteifungskonstruktion (Verband, Scheibe o. Ä.)

3.2.4 Zwischenabstützungen der Druckzone von Biegeträgern

Bei Zwischenabstützungen zur Stabilisieurung der Druckzone eines Biegeträgers nach *Bild 4* rechtwinklig zur Stabachse wirkend muss zusätzlich zu äußeren Lasten angenommen werden:

als mittlerer Bemessungswert der Druckkraft in der Druckzone des Biegeträgers N_d:

$$N_d = \frac{M_d}{h}$$

Bei Fachwerkträgern ist N_d der Bemessungswert der mittleren Druckkraft im Druckgurt über die Länge ℓ der Aussteifungskonstruktion.

Für Aussteifungskonstruktionen, die die Abstützungskräfte aufnehmen, ist zusätzlich zur äußeren Einwirkung als gleichmäßig verteilte Ersatz-Streckenlast q_d je angeschlossenem, zu stabilisierendem Träger anzunehmen:

$$q_d = k_\ell \cdot \frac{N_d}{30 \cdot \ell}$$

mit:

M_d = Bemessungswert des größten Biegemomentes im Stab

ℓ = Gesamtlänge des Stabes

h = Trägerhöhe

k_ℓ = $\min\left\{1; \sqrt{\frac{15}{\ell}}\right\}$ ℓ in m, Länge der Aussteifungskonstruktion zwischen deren Stützungen

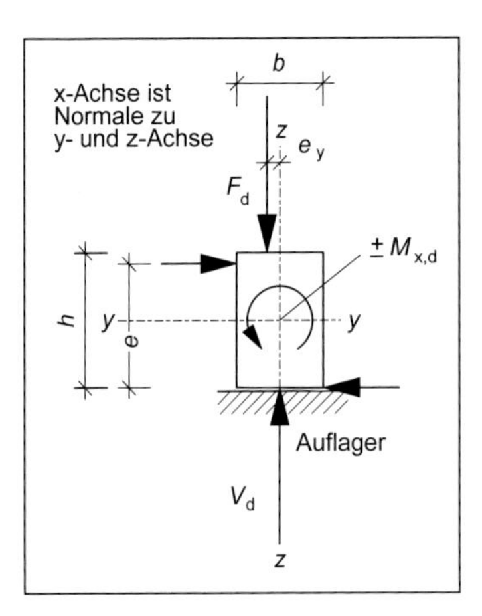

Bild 5: Maße und Bezeichnungen zur Auflagerung

3.2.5 Auflagerungen von Biegestäben

Im Rahmen dieses Werkes (Berechnung nach Theorie I. Ordnung und Ersatzstabverfahren, $k_{\mathrm{m}} = 1$ (kein Biegedrillknicken)) sind die Auflager von Biegeträgern so zu bemessen, dass ein Moment um die x-Achse des Trägers

$$M_{\mathrm{tor,d}} = \frac{M_{\mathrm{d}}}{80}$$

mit:
M_{d} = Bemessungswert des größten Biegemomentes in dem Stab

nach *Bild 5* in ungünstiger Richtung drehend zuzätzlich zu ggf. aus anderen Einwirkungen geweckten Verdrehomenten aufgenommen werden kann.

Bei Trägern, die mit ihrer gesamten Breite auf einer rechteckigen Fläche über Druckkontakt aufliegen, und bei denen entsprechend *Bild 5* gilt

$$\left|F_{\mathrm{d}}\right| \cdot \left(\frac{b}{2} - e_{\mathrm{y}}\right) \geq 1{,}5 \cdot \left|\max \sum M_{\mathrm{x,d}}\right|$$

mit:
b = Trägerbreite
e_{y} = Abstand nach *Bild 5*
$|\max \sum M_{\mathrm{x,d}}|$ = dem Betrag nach größte Summe der Bemessungswerte der am Auflager wirkenden Momente um die Träger-x-Achse einschließlich dem Moment $M_{\mathrm{tor,d}}$ (siehe vor)
$|F_{\mathrm{d}}|$ = Bemessungswert der Auflagerkraft, bei der $|\max \sum M_{\mathrm{x,d}}|$ wirksam ist,

ist keine Gabellagerung erforderlich, weil dem Moment $M_{\mathrm{x,d}}$ ein ausreichend großer Widerstand aus den Lagerungsbedingung gegenübersteht. Aus anderen Bedingungen, z. B. aus Druck quer zur Holzfaserrichtung, kann sich dennoch die Notwendigkeit einer Gabellagerung ergeben.

Die **Auflagerpressung ohne Gabellagerung** errechnet sich dann

für:

$$e_y' = e_y + \frac{\left|\max \sum M_{x,d}\right|}{\left|F_d\right|} \le \frac{b}{6}$$

mit:
e'_y = Abstand nach *Bild 6*
b = Auflagerbreite nach *Bild 6*

zu:

$$\max \sigma_{c,90,d} = \frac{F_d}{A_c} \cdot \left(1 + \frac{6 \cdot e_y'}{b}\right)$$

mit:
A_c = Auflagerfläche (Druckkontaktfläche)

und für:

$$e_y' \ge \frac{b}{6}$$

zu:

$$\max \sigma_{c,90,d} = \frac{2 \cdot F_d}{3 \cdot c \cdot \ell_c}$$

mit:
c = Abstand nach *Bild 7*
ℓ_c = Auflagerlänge

In allen anderen Fällen ist eine um die x-Achse nicht verdrehbare Haltung des Trägerquerschnitts durch Gabellagerung oder Verbände vorzusehen.

In Biegestäben ist vor dem Auflager ein Torsionsmoment $M_{tor,d}$ anzunehmen von:

$$M_{tor,d} = M_d/80$$

Bei Fachwerkträgern mit einem Abstand zwischen den Gurten über dem Auflager muss entsprechend eine Gabellagerung der Gurte zusätzlich zur äußeren Einwirkung bemessen werden für ein Moment von:

$$M_{tor,d} = V_{y,d} \cdot \ell/320$$

mit:
$V_{y,d}$ = Bemessungswert der Auflagerkraft des Fachwerkträgers
ℓ = Länge zwischen den Auflagern des Fachwerkträgers

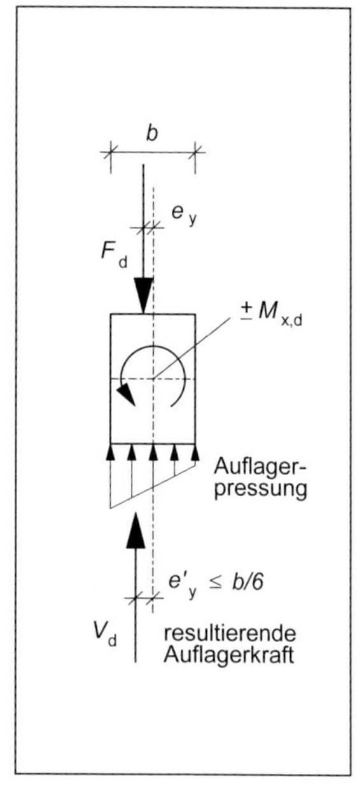

Bild 6: Maße und Bezeichnungen am Trägerquerschnitt bei schiefer Auflagerpressung

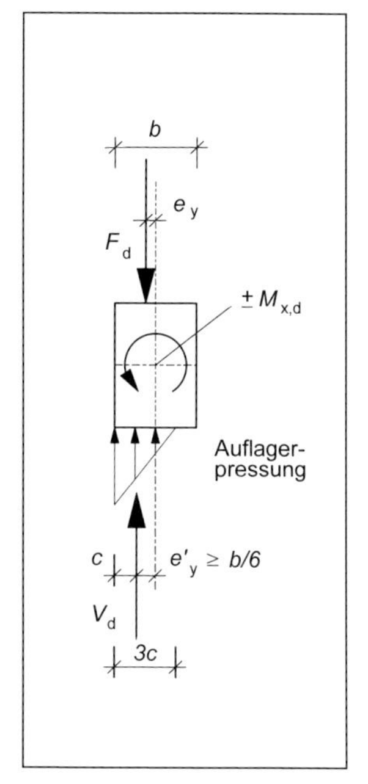

Bild 7: Maße und Bezeichnungen am Trägerquerschnitt bei klaffender Auflagerfuge

3.3 Schnittgrößenermittlung für Bauteile in Holztafelbauart

Für Dach- und Deckentafeln in Holztafelbauweise mit Beplankungen aus Plattenwerkstoffen, wie sie in Abschnitt 6.2 dieses Kapitels ausgewiesen sind,

- darf angenommen werden:
  - Beanspruchungen nach der technischen Biegelehre,
  - Stützkräfte von über mehrere Felder durchlaufenden Tafeln ohne Berücksichtigung der Durchlaufwirkung,
- muss angenommen werden:
  - horizontal wirkende Ersatzlasten von $^1/_{70}$ des Bemessungswertes der Vertikallasten wie nachfolgend für Wandtafeln beschrieben, wenn es sich um entsprechende statische Gesamtsysteme handelt (Schrägstellung der an die Scheibe angebunden Wände oder Stützen),
  - Schrägstellungen von Stützungen in allen anderen Fällen nach 3.2.1,
  - Einwirkungen, die sich aus Stabilisierungsfunktionen aus dem Gesamtsystem ergeben.

Für Wandtafeln in Holztafelbauweise mit Beplankungen aus Platten, wie sie in Abschnitt 6.2 dieses Kapitels ausgewiesen sind,

- darf angenommen werden:
  - bei gleichartigem Tafelaufbau: Steifigkeit in Tafelebene entsprechend der Tafellänge,
- muss angenommen werden:
  - eine horizontale Ersatzlast in der Größe von $^1/_{70}$ der Bemessungswerte der Vertikallasten, die auf die Bauteile wirken, welche von der betrachteten Tafel horizontal in der Senkrechten gehalten werden.

3.4 Schnittgrößen bei Querschnittsstörungen

Schnittgrößen dürfen mit den Nennmaßen der Baustoffe ermittelt werden. Dabei dürfen folgende Querschnittsschwächungen vernachlässigt werden:

- zulässige Baumkanten,
- Nägel bis zu 6 mm Durchmesser und Holzschrauben bis zu 8 mm Durchmesser in nicht vorgebohrten Löchern,
- Löcher und Aussparungen in der Druckzone von Holzbauteilen, wenn sie formschlüssig mit Stoffen ausgefüllt sind, deren Steifigkeit und Festigkeit höher ist als die des ausgefüllten Baustoffes,
- Keilzinkenverbindungen nach DIN EN 385:2002-03 in Querschnitten mit höchstens 300 mm Seitenlänge.

Querschnittsschwächungen sind in allen anderen Fällen zu berücksichtigen. Dabei sind alle in einem Bereich von 150 mm Länge in Holzfaserrichtung liegenden Querschnittsschwächungen auf ungünstigste Weise als einem Querschnitt zugehörig zu betrachten. In Holzfaserrichtung hintereinanderliegende Querschnittsschwächungen brauchen nur einmal berücksichtigt zu werden, auch wenn Verbindungsmittel versetzt gegenüber der Risslinie angeordnet sind. Bei mehreren Verbindungsmittelreihen sind alle in Holzfaserrichtung nicht hintereinanderliegenden Löcher zu berücksichtigen, die weniger als der halbe Mindestabstand von dem betrachteteten Querschnitt entfernt liegen.

4 Grundlagen zur Feststellung des Modifikationsbeiwertes k_{mod} und des Verformungsbeiwertes k_{def}

4.1 Nutzungsklasse

Die Nutzungsklasse ergibt sich aus den Umgebungsbedingungen für Holz und Holzwerkstoffe nach *Tabelle 1.* Gegebenenfalls sind bei einem Bauteil abschnittsweise verschiedene Nutzungsklassen möglich, die Annahme der höchsten, vorkommenden Nutzungsklasse für das gesamte Bauteil liegt auf der sicheren Seite.

Tabelle 1: Zuordnung von Nutzungsklassen (NKL) zu Umgebungsbedingungen

	Nutzungsklasse 1 (NKL1)	Nutzungsklasse 2 (NKL2)
Umgebungsbedingungen	Holzfeuchte, die einer Temperatur von 20 °C und einer relativen Feuchte der umgebenden Luft entspricht, die nur wenige Wochen pro Jahr 65 % übersteigt, z. B. in allseitig geschlossenen und beheizten Bauwerken	Holzfeuchte, die einer Temperatur von 20 °C und einer relativen Feuchte der umgebenden Luft entspricht, die nur wenige Wochen pro Jahr 85 % übersteigt, z. B. bei überdachten, offenen Bauwerken

4.2 Verwendbarkeiten der Baustoffe

In *Tabelle 2* sind die Verwendbarkeiten für ausgewählte Baustoffe in Abhängigkeit von den Nutzungsklassen zusammengestellt. Die angegebenen Baustoffeigenschaften müssen durch Ü-Zeichen nachgewiesen sein. *Tabelle 3* ordnet ausgewählte Mindestanforderungen an den Korrosionsschutz den Nutzungsklassen zu.

Tabelle 2: NKL1 und NKL2 zugeordnete, verwendbare, hölzerne Baustoffe

Baustoff	NKL1	NKL2	erf. Zeichen
Vollholz DIN 4074-1 bzw. DIN 4074-2	Dicke ≥ 24 mm, Querschnittsfläche ≥ 14 cm² (Dachlatten ≥ 11 cm²), keilgezinktes Vollholz zulässig, dann Ü-Zeichen erforderlich		Ü
Brettschichtholz DIN 1052	nach Anhang H		Ü bzw. ÜZ
Balkenschichtholz	nach bauaufsichtlichen Zulassungen		ÜZ
Sperrholz DIN EN 636:2003-11	Klassen „trocken", „feucht" und „außen"	Klassen „feucht" und „außen"	CE + Ü
OSB-Platten DIN EN 300:1997-06	OSB/2 bis OSB/4	OSB/3 und OSB/4	CE + Ü
Kunstharzgebundene Spanplatten DIN EN 312:2003-11	Klassen P4, P5, P6, P7	Klassen P5 und P7	CE + Ü

Tabelle 3: Mindestanforderungen an den Korrosionsschutz von Stahlteilen für NKL1 und NKL2

	NKL1	NKL2
Stiftförmige Verbindungsmittel	keine, ausgenommen bei außen liegenden Stahlblech-Holz-Verbindungen: dann Nägel oder Schrauben Zinkschichtdicke ≥ 7 µm	
Klammern	Zinkschichtdicke ≥ 7 µm	geeigneter, nichtrostender Stahl
Dübel besonderer Bauart	Bei einseitigen Dübeln aus Stahlblech mittlere Zinkschichtdicke ≥ 55 µm	
Stahlbleche mit einer Dicke bis 3 mm	Zinkschichtdicke ≥ 20 µm, geschnittene Kanten dürfen unverzinkt sein	Zinkschichtdicke ≥ 20 µm plus Beschichtung nach DIN 55928-8 oder plus Gelbchromatisierung
Stahlbleche mit einer Dicke von 3 bis 5 mm	Zinkschichtdicke ≥ 7 µm	Zinkschichtdicke ≥ 30 µm

Bei anderen Metallteilen und besonderen klimatischen Umgebungsbedingungen (chlorhaltig o. ä.) sind die diesbezüglichen Metallbauregeln heranzuziehen.

4.3 Klassen der Lasteinwirkungsdauer

Tabelle 4 gibt für ausgewählte Fälle die anzusetzende Klasse der Lasteinwirkungsdauer (KLED) an.

Tabelle 4: Einteilung der Einwirkungen nach DIN 1055 in Klassen der Lasteinwirkungsdauer (KLED)

Einwirkung	KLED
Wichten und Flächenlasten nach DIN 1055-1	ständig
Lotrechte Nutzlasten nach DIN 1055-3	
A Spitzböden, Wohn-, Aufenthaltsräume	mittel
B Büro-, Arbeitsflächen, Flur	mittel
C Räume, Versammlungsräume und Flächen, die der Ansammlung von Personen dienen können (mit Ausnahme von unter A, B, D und E festgelegten Kategorien	kurz
D Verkaufsräume	mittel
E Fabriken und Werkstätten, Ställe, Lagerräume und Zugänge, Flächen mit erheblichen Menschenansammlungen	lang
H nicht begehbare Dächer, außer für übliche Erhaltungsmaßnahmen, Reparaturen	kurz
T Treppen und Treppenpodeste	kurz
Z Zugänge, Balkone und Ähnliches	kurz
Horizontale Nutzlasten nach DIN 1055-3	
Horizontale Nutzlasten infolge von Personen auf Brüstungen, Geländer und anderen Konstruktionen, die als Absperrung dienen	kurz
Horizontallasten zur Erzielung einer ausreichenden Längs- und Quersteifigkeit	wie zugehörige Last
Schneelasten und Eislasten nach DIN 1055-5	
Geländehöhe des Bauwerksstandortes über NN ≤ 1000 m	kurz
Geländehöhe des Bauwerksstandortes über NN ≤ 1000 m	mittel
Einwirkungen aus Temperatur- und Feuchteänderungen	mittel
Einwirkungen aus ungleichmäßigen Setzungen	ständig

5 Rechenwerte für Kenngrößen der Baustoffe

Tabelle 5: Charakteristische Werte für ausgewählte, hölzerne Werkstoffe (weitere siehe DIN 1052)

Werkstoff	Dicke	Orientierung[1)]	char. Rohdichte	Balken-/Platten-Biegung, Schub			Querdruck	Querzug	Zug[2)]	Druck[2)]	Schei.-bieg.	Schei.-schub
			ρ_k	$f_{m,k}$	$f_{v,k}$	$f_{R,k}$	$f_{c,90,k}$	$f_{t,90,k}$	$f_{t,0,k}$	$f_{c,0,k}$	$f_{m,k}$	$f_{v,k}$
Kurzbezeichnung	mm		kg/m³					kN/cm²				
NH-VH C24 (S10)			350	2,40	0,20	0,10	0,25	0,04	1,40	2,10		
GL24h (BS11)			380	2,40	0,25	0,10	0,27	0,05	1,65	2,40		
GL28h (BS14)			410	2,80	0,25	0,10	0,30	0,05	1,95	2,65		
LH-VH D30 (LS10)			530	3,00	0,30		0,80	0,05	1,80	2,30		
Sperrholz EN 636 F20/10 E40/20	≥6	parallel	350	2,00	0,09		0,40		0,90	1,50	0,90	0,35
		rechtw.		1,00	0,06		0,40		0,70	1,00	0,70	0,35
Sperrholz EN 636 F50/25 E70/25	≥6	parallel	600	5,00	0,22		0,90		3,60	3,60	3,60	0,95
		rechtw.		2,50	0,25		1,00		2,40	1,70	2,40	1,10
OSB/3	>10 - 18	parallel	550	1,64	0,10		1,00		0,94	1,54	0,94	0,68
	>18 - 25	rechtw.		0,82	0,10		1,00		0,70	1,27	0,70	0,68
	>10 - 18	parallel		1,48	0,10		1,00		0,90	1,48	0,90	0,68
	>18 - 25	rechtw.		0,74	0,10		1,00		0,68	1,24	0,68	0,68
OSB/4	>10 - 18	parallel	550	2,30	0,11		1,00		1,14	1,76	1,14	0,69
	>18 - 25	rechtw.		1,22	0,11		1,00		0,82	1,40	0,82	0,69
	>10 - 18	parallel		2,10	0,11		1,00		1,09	1,70	1,09	0,69
	>18 - 25	rechtw.		1,14	0,11		1,00		0,80	1,37	0,80	0,69
Spanplatten P4	6 - 13		650	1,42	0,18		1,00		0,89	1,20	0,89	0,66
	>13 - 20		600	1,25	0,16		1,00		0,79	1,11	0,79	0,61
	>20 - 25		550	1,08	0,14		1,00		0,69	0,96	0,69	0,55
	>25 - 32			0,92	0,12		0,80		0,61	0,90	0,61	0,48
Spanplatten P5	6 - 13		650	1,50	0,19		1,00		0,94	1,27	0,94	0,70
	>13 - 20		600	1,33	0,17		1,00		0,85	1,18	0,85	0,65
	>20 - 25		550	1,17	0,15		1,00		0,74	1,03	0,74	0,59
	>25 - 32			1,00	0,13		0,80		0,66	0,98	0,66	0,52
Spanplatten P6	6 - 13		650	1,65	0,19		1,00		1,05	1,41	1,15	0,78
	>13 - 20		600	1,50	0,17		1,00		0,95	1,33	0,95	0,73
	>20 - 25		550	1,33	0,17		1,00		0,85	1,28	0,85	0,68
	>25 - 32			1,25	0,17		0,80		0,83	1,22	0,83	0,65
Spanplatten P7	6 - 13		650	1,83	0,24		1,00		1,15	1,55	1,15	0,86
	>13 - 20		600	1,67	0,22		1,00		1,06	1,47	1,06	0,81
	>20 - 25		550	1,54	0,20		1,00		0,98	1,37	0,98	0,79
	>25 - 32			1,42	0,19		0,80		0,94	1,35	0,94	0,74

1) zur Faser-/Spanrichtung der Deckschicht; 2) Bei Platten: Werte bei Scheibenbeanspruchung

In der *Tabelle 5* sind die Rechenwerte für die charakteristischen Baustoff-Kenngrößen für ausgewählte Werkstoffe aus Holz zusammengestellt. In den *Tabellen 6 und 7* sind die Beiwerte k_{mod}/γ_M für ausgewählte Situationen ausgewertet in Abhängigkeit von KLED und NKL zusammengestellt.

Tabelle 6: Beiwerte k_{mod}/γ_M mit $\gamma_M = 1{,}3$ zur Berechnung von Bemessungswerten durch Multiplikation mit den charakteristischen Werten, wenn Holzversagen maßgeblich wird

	Vollholz, Balkenschichtholz, Brettschichtholz, Sperrholz			**OSB**		**Kunstharzgebundene Spanplatten**	
KLED	NKL 1	NKL 2	NKL 3	NKL 1	NKL 2	NKL 1	NKL 2
ständig	0,46	0,46	0,38	0,31	0,23	0,23	0,15
lang	0,54	0,54	0,42	0,38	0,31	0,35	0,23
mittel	0,62	0,62	0,50	0,54	0,42	0,50	0,35
kurz	0,69	0,69	0,54	0,69	0,54	0,65	0,46
sehr kurz	0,85	0,85	0,69	0,85	0,69	0,85	0,62

Tabelle 7: Beiwerte k_{mod}/γ_M mit $\gamma_M = 1{,}1$ zur Berechnung von Bemessungswerten durch Multiplikation mit den charakteristischen Werten, wenn bei stiftförmigen Verbindungen aus Stahl die Fließgrenze maßgeblich wird

	Vollholz, Balkenschichtholz, Brettschichtholz			**OSB**		**Kunstharzgebundene Spanplatten**	
KLED	NKL 1	NKL 2	NKL 3	NKL 1	NKL 2	NKL 1	NKL 2
ständig	0,55	0,55	0,45	0,36	0,27	0,27	0,18
lang	0,64	0,64	0,50	0,45	0,36	0,41	0,27
mittel	0,73	0,73	0,59	0,64	0,50	0,59	0,41
kurz	0,82	0,82	0,64	0,82	0,64	0,77	0,55
sehr kurz	1,00	1,00	0,82	1,00	0,82	1,00	0,73

Die **Bemessungwerte** (Fußzeiger d) **der Tragfähigkeit** ergeben sich jeweils als Summand des charakteristischen Wertes (Fußzeiger k) mit k_{mod}/γ_M; dabei darf die dem Bemessungsfall zugrunde liegende kürzeste KLED angesetzt werden:

$$f_{...,d} = f_{...,k} \cdot \frac{k_{mod}}{\gamma_M} \text{ oder } R_{...,d} = R_{...,k} \cdot \frac{k_{mod}}{\gamma_M}$$

6 Vereinfachte Regeln für die Bemessung

6.1 Bemessung von Stäben

6.1.1 Reiner Zug parallel zur Holzfaserrichtung

Bei Zug in Faserrichtung bei Stäben aus Vollholz , Balkenschichtholz und Brettschichtholz und in Faser- bzw. Spanrichtung der Deckschichten bei Sperrholz und OSB sowie bei Spanplatten muss erfüllt sein:

$$\frac{F_{t,0,d}}{A_{ef} \cdot f_{t,0,d}} \leq 1$$

mit:
$F_{t,0,d}$ = Bemessungswert der Zugkraft in dem Stab
A_{ef} = Querschnittsfläche des Stabes abzüglich Querschnittsschwächungen
$f_{t,0,d}$ = Bemessungswert der Zugfestigkeit

Anschlüsse von Zugstäben sind möglichst symmetrisch auszuführen. Ist dies nicht möglich, dann sind die Schnittgößen aus der Asymmetrie zu berücksichtigen (sogenannte Ausmitten), dann ist jedoch /6.1.2/ anzuwenden.
Bei Anschlüssen sind einseitig beanspruchte Bauteile (außen liegende Stoßlaschen oder Stäbe) zu bemessen:

- bei Anschlüssen mit Passbolzen, Nägeln in nicht vorgebohrten Löchern oder Holzschrauben für das 1,5-Fache des Bemessungswertes der Zugkraft,
- bei Anschlüssen mit Stabdübeln für das 1,5-Fache des Bemessungswertes der Zugkraft, wenn in der letzten Reihe der Verbindungsmittel zum Stabende statt Stabdübeln Passbolzen angeordnet werden, die eine in ihrer Stiftachse wirkende Zugkraft F_d aufnehmen können von:

$$F_{t,d} = \frac{F_d \cdot t}{2 \cdot n \cdot a}$$

mit:
F_d = Normalkraft in der/dem einseitig beanspruchten Laschen/Stab
t = Dicke der Lasche/des außenliegenden Stabes
n = Anzahl der zur Übertragung der Scherkraft in Richtung der Kraft F_d hintereinander angeordneten Verbindungsmittel, ohne die zusätzlichen, ausziehfesten Verbindungsmittel
a = Abstand der auf Herausziehen beanspruchten Verbindungsmittel von der nächsten Verbindungsmittelreihe

- bei Anschlüssen mit Dübeln besonderer Bauart für das 1,5-Fache des Bemessungswertes der Zugkraft, wenn hinter der letzten Reihe der Verbindungsmittel zum Stabende zusätzlich Verbindungsmittel angeordnet werden, die eine in ihrer Stiftachse wirkende Zugkraft F_d wie zuvor angegeben aufnehmen können,
- bei anderen Anschlüssen für das 2,5-fache des Bemessungswertes der Zugkraft.

6.1.2 Reiner Zug in einem Winkel α zur Faser- bzw. Spanrichtung der Decklagen bei Sperrholz und OSB sowie bei Spanplatten

Es muss erfüllt sein:

$$\frac{F_{t,\alpha,d} \cdot \left(\frac{f_{t,0,d}}{f_{t,90,d}} \cdot \sin^2 \alpha + \frac{f_{t,0,d}}{f_{v,d}} \cdot \sin \alpha \cdot \cos \alpha + \cos^2 \alpha \right)}{A_{ef} \cdot f_{t,0,d}} \leq 1$$

mit:

$F_{t,\alpha,d}$ = Bemessungswert der Zugkraft in dem Stab

A_{ef} = Querschnittsfläche des Stabes abzüglich Querschnittsschwächungen rechtwinklig zur Richtung der Zugkraft

$f_{t,0,d}$ = Bemessungswert der Zugfestigkeit des Stabes parallel zur Faser- oder Spanrichtung der Deckschicht

$f_{t,90,d}$ = Bemessungswert der Zugfestigkeit des Stabes rechtwinklig zur Faser- oder Spanrichtung der Deckschicht

$f_{v,d}$ = Bemessungswert der Schubfestigkeit des Stabes, Scheibenbeanspruchung

6.1.3 Reiner Druck (ohne Knicken) parallel zur Holzfaserrichtung

Bei Stäben aus Nadelvollholz, Balkenschichtholz und Brettschichtholz und Span- oder Holzfaserplatten und für reinen Druck in Faserrichtung der Decklagen bei Sperrholz und OSB muss erfüllt sein:

$$\frac{F_{c,0,d}}{A_{ef} \cdot f_{c,0,d}} \leq 1$$

$F_{c,0,d}$ = Bemessungswert der Druckkraft parallel zur Holzfaserrichtung in dem Stab

A_{ef} = Querschnittsfläche des Stabes abzüglich Querschnittsschwächungen rechtwinklig zur Richtung der Druckkraft

$f_{c,0,d}$ = Bemessungswert der Druckfestigkeit in Holzfaserrichtung

6.1.4 Reiner Druck in einem Winkel α zur Faser- bzw. Spanrichtung der Decklagen bei Sperrholz und OSB

Es muss erfüllt sein:

$$\frac{F_{c,\alpha,d}}{A_{ef} \cdot f_{c,90,d}} \leq 1$$

mit

$F_{c,\alpha,d}$ = Bemessungswert der Druckkraft in dem Stab in einem Winkel α zur Faser- bzw. Spanrichtung der Deckschicht

A_{ef} = Querschnittsfläche des Stabes abzüglich Querschnittsschwächungen rechtwinklig zur Richtung der Druckkraft

$f_{c,0,d}$ = Bemessungswert der Druckfestigkeit rechtwinklig zur Faser- bzw. Spanrichtung der Deckschicht

6.1.5 Reiner Druck parallel zur Holzfaserrichtung mit Knickphänomen

Bei Stäben aus Vollholz , Balkenschichtholz und Brettschichtholz jeweils aus Nadelholz muss eingehalten sein:

$$\frac{F_{c,0,d}}{A_{ef} \cdot k_c \cdot f_{c,0,d}} \leq 1$$

mit:

$F_{c,0,d}$ = Bemessungswert der Druckkraft in dem Stab
A_{ef} = wirksame Querschnittsfläche des Stabes
$f_{c,0,d}$ = Bemessungswert der Druckfestigkeit parallel zu Holzfaserrichtung
k_c = Knickbeiwert nach dem Ersatzstabverfahren nach *Tabellen 8 und 9* mit:

$\lambda = \frac{\ell_{ef}}{i}$; ℓ_{ef} = Ersatzstablänge; i = Trägheitsradius ($i_y = h \cdot 0{,}289$; $i_z = b \cdot 0{,}289$)

näherungsweise:

wenn $20 < \lambda \leq 100$: $k_c = \dfrac{1}{1+\dfrac{\lambda^3}{74^3}}$; wenn $100 < \lambda \leq 250$: $k_c = \dfrac{3050}{\lambda^2}$

Fehlflächen in der Druckzone dürfen vernachlässigt werden, wenn sie formschlüssig mit einem Werkstoff ausgefüllt sind, dessen Tragfähigkeit und Steifigkeit höher ist als die des Holzes.

Druckkontaktstöße im äußeren Viertelteil der Knicklänge sind unter Vernachlässigung des Einflusses auf die Verformungen zulässig, wenn eine Laschenverbindung angeordnet wird, die für 50 % des Bemessungswertes der Druckkraft bemessen ist.

Druckkontaktstöße bei Fachwerken, deren Stäbe indirekt durch Laschen oder Knotenplatten verbunden sind, dürfen angesetzt werden bei:

- faserparallelen Stößen,
- Firststößen,
- Übertragung nur vernachlässigbar kleiner Kräfte,

wenn zusätzlich für 50 % der durch Druckkontakt übertragenen Kräfte Verbindungen zur Lagesicherung angeordnet sind. Dass bei Druckkontaktstößen die übertragenen Kräfte nur rechtwinklig zur Kontaktfuge als wirksam angenommen werden dürfen, ist bei der Bemessung zu berücksichtigen.

Tabelle 8: Knickbeiwerte k_c

$\lambda = s_k/i$	C 24	GL24h	GL28h	$\lambda = s_k/i$	C 24	GL24h	GL28h
15	1,000	1,000	1,000	135	0,173	0,208	0,204
20	0,991	0,998	0,998	140	0,162	0,193	0,190
25	0,970	0,989	0,988	145	0,151	0,181	0,178
30	0,947	0,978	0,977	150	0,142	0,169	0,167
35	0,919	0,965	0,964	155	0,133	0,159	0,156
40	0,885	0,949	0,947	160	0,125	0,149	0,147
45	0,844	0,927	0,925	165	0,118	0,140	0,138
50	0,794	0,898	0,895	170	0,111	0,133	0,130
55	0,736	0,858	0,854	175	0,105	0,125	0,123
60	0,673	0,806	0,800	180	0,100	0,118	0,117
65	0,610	0,743	0,735	185	0,095	0,112	0,110
70	0,550	0,675	0,667	190	0,090	0,107	0,105
75	0,495	0,609	0,601	195	0,086	0,101	0,100
80	0,446	0,548	0,541	200	0,081	0,096	0,095
85	0,403	0,494	0,487	205	0,078	0,092	0,090
90	0,365	0,446	0,440	210	0,074	0,088	0,086
95	0,332	0,404	0,398	215	0,071	0,084	0,082
100	0,303	0,368	0,362	220	0,068	0,080	0,079
105	0,277	0,336	0,331	225	0,065	0,076	0,075
110	0,254	0,307	0,303	230	0,062	0,073	0,072
115	0,234	0,283	0,278	235	0,059	0,070	0,069
120	0,216	0,260	0,256	240	0,057	0,067	0,066
125	0,200	0,241	0,237	245	0,055	0,065	0,064
130	0,186	0,223	0,220	250	0,053	0,062	0,061

Tabelle 9: Beispiele für Knicklängenbeiwerte *ß*

System	Knicklängenbeiwert
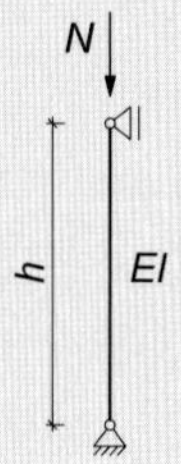	$ß = 1$
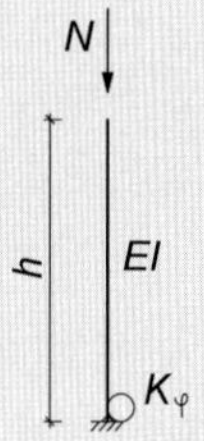	$ß=\sqrt{4+\frac{\pi^2 \cdot E \cdot I}{h \cdot K_\varphi}}$ mit: K_φ = Federkonstante der elastischen Einspannung (Kraft · Länge/Winkel)
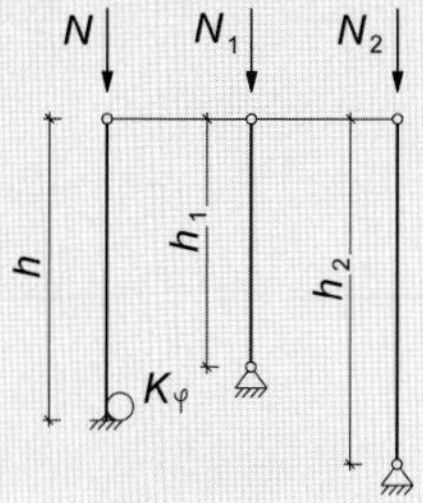	für eingespannte Stütze: $ß=\sqrt{\left(4+\frac{\pi^2 \cdot E \cdot I}{h \cdot K_\varphi}\right) \cdot (1+\alpha)}$ mit: $\alpha=\frac{h}{N} \cdot \sum \frac{N_i}{h_i}$
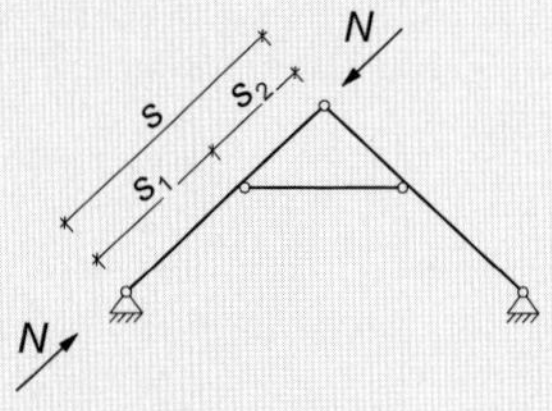	für $s_1 < 0{,}7 \cdot s$: $ß = 0{,}8$ für $s_1 \geq 0{,}7 \cdot s$: $ß = 1{,}0$ mit *s* und $ß = 1{,}0$ für antimetrisches Knicken
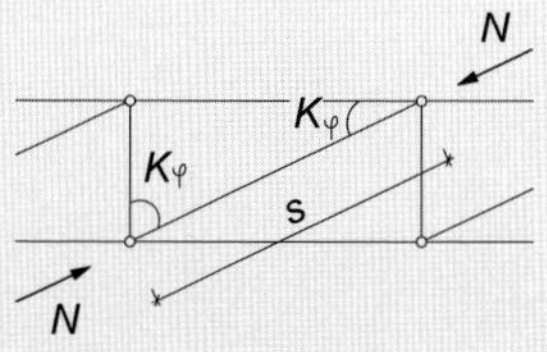	bei gelenkiger Lagerung ($K_\varphi = 0$): $ß = 1{,}0$ bei nachgiebiger Einspannung ($K_\varphi \gg 0$): $ß = 0{,}8$

6.1.6 Druck rechtwinklig zur Faserrichtung des Holzes

Es muss eingehalten sein:

$$\frac{F_{c,90,d}}{A_{ef} \cdot k_{c,90} \cdot f_{c,90,d}} \leq 1$$

mit:

$F_{c,90,d}$ = Bemessungswert der Druckkraft rechtwinklig zur Faserrichtung des gedrückten Holzes
A_{ef} = wirksame Querdruckfläche (siehe *Tabelle 10*)
$k_{c,90}$ = ein Querdruckbeiwert (siehe *Tabelle 10*)
$f_{c,90,d}$ = Bemessungwert der Druckfestigkeit rechtwinklig zur Holzfaserrichtung

Tabelle 10: Wirksame Länge bei Druck quer zur Holzfaserrichtung ℓ_{ef} und Beiwerte $k_{c,90}$ für die verschiedenen Fälle

<table>
<tr><th>Situation</th><th>$\ell_{ef,I}$</th><th>$\ell_{ef,II}$</th><th>$k_{c,90}$</th></tr>
<tr><td>$\ell_1 < 6$ cm
ü, ℓ_1, ℓ_{II}, I, II, h</td><td>$\ell_{ef,I} = \min \begin{Bmatrix} 3\text{ cm} + \ell_1 + \frac{\ell_1}{2} \\ ü + \ell_1 + \frac{\ell_1}{2} \end{Bmatrix}$</td><td>$\ell_{ef,II} = 3\text{ cm} + \ell_{II} + \frac{\ell_1}{2}$</td><td>für Nadel-, Laub- und BS-Holz: 1,0</td></tr>
<tr><td> 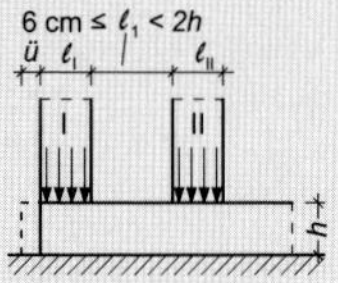6 cm ≤ $\ell_1 < 2h$
ü, ℓ_1, ℓ_{II}, I, II, h</td><td rowspan="4">$\ell_{ef,I} = \min \begin{Bmatrix} 6\text{ cm} + \ell_1 \\ ü + \ell_1 + 3\text{ cm} \end{Bmatrix}$</td><td rowspan="4">$\ell_{ef,II} = 6\text{ cm} + \ell_{II}$</td><td>für Nadel-, Laub- und BS-Holz: 1,0</td></tr>
<tr><td>ü, ℓ_1, $\ell_1 \geq 2h$, ℓ_{II}, I, II, h</td><td>für Nadelholz: 1,25
für BS-Holz: 1,50</td></tr>
<tr><td>$\ell_1 < 2h$, ℓ_{II}
Gilt auch für durchgängige Streckenlasten
II, I, h, ü, ℓ_1</td><td>für Nadel-, Laub- und BS-Holz: 1,0</td></tr>
<tr><td>$\ell_1 \geq 2h$, ℓ_{II}
II, I, h, ü, ℓ_1</td><td>für Nadelholz: 1,50
für BS-Holz: 1,75</td></tr>
</table>

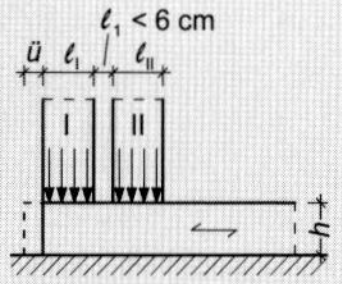

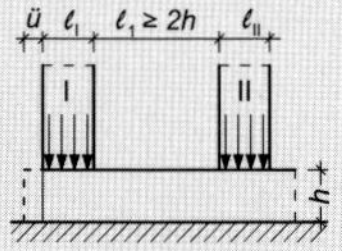

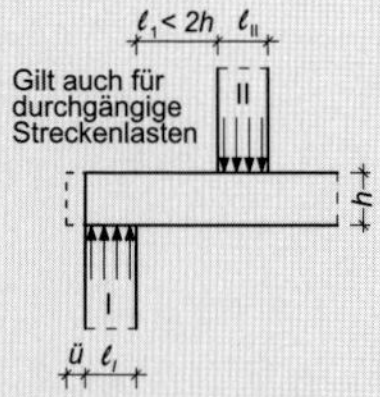

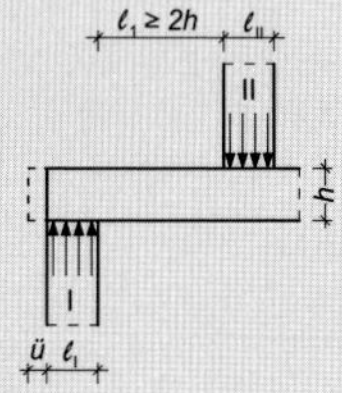

6.1.7 Druck unter einem Winkel α zur Faserrichtung des Holzes, Balkenschichtholzes oder Brettschichtholzes

Es muss eingehalten sein:

$$\frac{F_{c,\alpha,d}}{A_{ef} \cdot k_{c,\alpha} \cdot f_{c,\alpha,d}} \leq 1$$

$$f_{c,\alpha,d} = f_{c,90,d} + (f_{c,0,d} - f_{c,90,d}) \cdot \frac{(90-\alpha)^4}{100^4}$$

mit:

$F_{c,\alpha,d}$ = Bemessungswert der Druckkraft im Winkel $20° < \alpha < 90°$ zur Faserrichtung des Holzes

A_{ef} = wirksame Druckfläche (siehe *Bild 8*)

$k_{c,\alpha}$ = ein Druckbeiwert: $k_{c,\alpha} = 1 + (k_{c,90} - 1) \cdot \sin \alpha$; ($k_{c,90}$ siehe *Tabelle 10*)

$f_{c,0,d}$ = Bemessungswert der Druckfestigkeit parallel zur Holzfaserrichtung

$f_{c,90,d}$ = Bemessungswert der Druckfestigkeit rechtwinklig zur Holzfaserrichtung

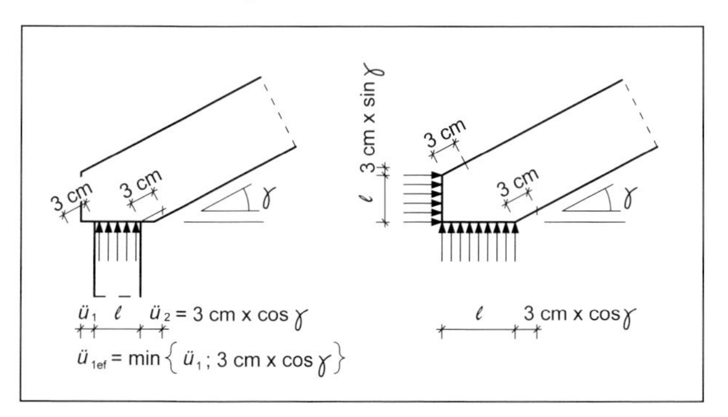

Bild 8: Berechnung der effektiven Auflagerlängen ℓ_{ef} bei Druck unter einem Winkel α zur Holzfaserrichtung

6.1.8 Versätze

Bei Versätzen nach *Bild 9* und *10* darf für den Druck schräg zur Holzfaserrichtung für Vollholz, Balkenschichtholz und Brettschichtholz jeweils aus Nadelholz nachgewiesen werden:

$$\frac{F_{\text{Stirn,c},\alpha,\text{d}}}{A_{\text{Stirn}} \cdot f_{\text{c,90,d}}} \leq 1$$

$$f_{\text{c},\alpha,\text{d}} \geq f_{\text{c,90,d}} + (f_{\text{c,0,d}} - f_{\text{c,90,d}}) \cdot \frac{(90-\alpha)^2}{82^2}$$

mit:

$F_{\text{Stirn,c},\alpha,\text{d}}$ = Bemessungswert der Druckkraft im Winkel $15° < \alpha < 55°$ zur Faserrichtung des Holzes rechtwinklig zur Versatzstirn
A_{Stirn} = wirksame Stirnfläche
$f_{\text{c,0,d}}$ = Bemessungwert der Druckfestigkeit parallel zur Holzfaserrichtung
$f_{\text{c,90,d}}$ = Bemessungswert der Druckfestigkeit rechtwinklig zur Holzfaserrichtung

Hinweis: Die Bemessung nach Norm kann um bis zu 25 % günstiger sein. Bei Winkeln nahe 90° darf vermutet werden, dass die Berechnung nach Norm Ergebnisse hervorbringt, die technologisch nicht richtig sein können.

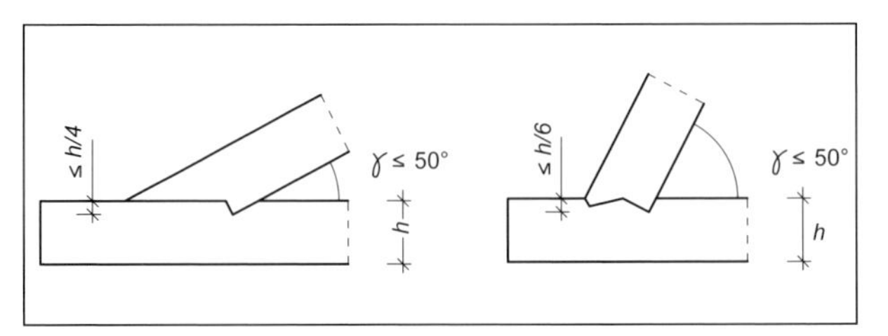

Bild 9: Soll-Bestimmung über die Tiefe von Versatzeinschnitten auf einer Holzseite

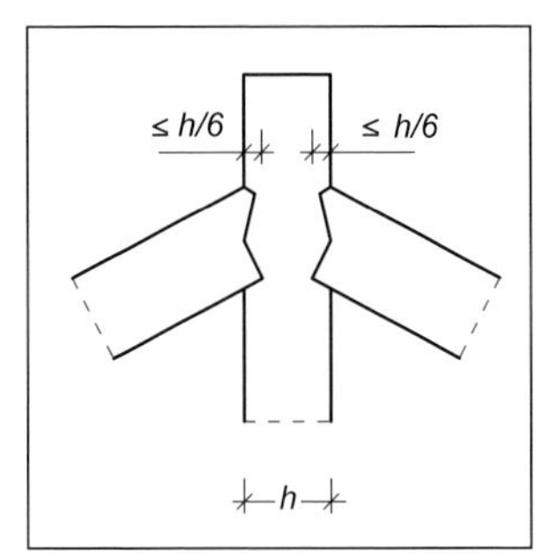

Bild 10: Muss-Bestimmung über die höchst zulässige Versatzeinschnitttiefe bei beidseitigen Einschnitten

Rechtwinkliger Versatz (Rück- bzw. Fersenversatz):

$$A_{\text{Stirn}} = \frac{t_{\text{V}}}{\cos\gamma} \cdot b$$

mit:
b = Holzbreite
t_{V} = Versatztiefe rechtwinklig zur Faserrichtung

Winkelhalbierender Versatz:

$$A_{\text{Stirn}} = \frac{t_{\text{V}}}{\cos(\gamma/2)} \cdot b$$

wobei:

$$F_{\text{d,Versatz}} = F_{\text{d,Strebe}} \cdot \cos(\gamma/2)$$

6.1.9 Biegung, Biegung und Zug sowie Biegung und Druck bei Vollholz, Balkenschichtholz und Brettschichtholz

6.1.9.0 Bedingung für keine Kippgefährdung

Die Formulierungen gelten nur, wenn die Belastung unmittelbar an der Trägeroberseite eingetragen wird, die Trägerauflager als Gabellager oder ausreichend verdrehsicher ausgebildet sind und zugleich:

$$b \geq \sqrt{\frac{\ell \cdot h}{140 \cdot a_1 \cdot \left(1 + 1{,}74 \cdot \frac{h}{\ell}\right)}}$$

mit:
b = Querschnittsbreite
h = Querschnittshöhe
ℓ = Länge zwischen den Trägerauflagern, bei Kragarmen deren Länge, bei durch Abstützungen oder Verbänden rechtwinklig zum Träger unverschieblich gehaltener Druckzone: Abstand der Festhaltungen
a_1 = Beiwert nach *Tabelle 11*
ist.

Ist dies eingehalten, so ist der Kippbeiwert $k_m = 1$.

Tabelle 11: Beiwert a_1 zur Ermittlung der erforderlichen Trägerbreite b

System des Trägers	Belastung	Beiwert a_1
Einfeldträger mit beidseitig gelenkiger Lagerung	Moment an einem Auflager	1,77
	Einzellast in Feldmitte	1,35
	Gleichstreckenlast	1,13
	gleich großes Moment an beiden Auflagern	1,00
Kragarm, starr eingespannt	Einzellast am Kragarmende	1,27
	Gleichstreckenlast	2,05
beidseitig starr eingespannter Träger	Einzellast in Feldmitte	6,81
	Gleichstreckenlast	5,12
Mittelfeld Durchlaufträger	Einzellast in Feldmitte	1,70
	Gleichstreckenlast	1,30

6.1.9.1 Reine Biegung bei Vollholz, Balkenschichtholz und Brettschichtholz und Holzwerkstoffen

6.1.9.1.1 Einachsige Biegung

Es muss eingehalten sein:

$$\frac{M_d}{W_{ef} \cdot f_{m,d}} \leq 1$$

mit:
M_d = Bemessungswert des Momentes
W_{ef} = dem Moment zugehöriges, wirksames Widerstandsmoment
$f_{m,d}$ = Bemessungswert der dem Moment zugehörigen Biegefestigkeit
oder bei Rechteckquerschnitten ohne Querschnittsschwächungen:

$$h \geq \sqrt{\frac{M_d \cdot 6}{f_{m,d} \cdot b}}$$

6.1.9.1.2 Doppelbiegung (Biegung um zwei Hauptachsen)

Für Vollholz, Balkenschichtholz und Brettschichtholz, wenn $h/b \leq 4$, muss eingehalten sein:

$$\frac{M_{y,d}}{W_{y,ef} \cdot f_{m,d}} + 0,7 \cdot \frac{M_{z,d}}{W_{z,ef} \cdot f_{m,d}} \leq 1$$

und zugleich

$$0,7 \cdot \frac{M_{y,d}}{W_{y,ef} \cdot f_{m,d}} + \frac{M_{z,d}}{W_{z,ef} \cdot f_{m,d}} \leq 1$$

mit:
$M_{y,d}$, $M_{z,d}$ = Bemessungsmoment um die Querschnittshauptachsen
$W_{y,ef}$, $W_{z,ef}$ = wirksame Widerstandsmomente um die Hauptachsen
$f_{m,d}$ = Bemessungswert der Biegefestigkeit

6.1.9.1.3 Andere Fälle mit reiner Biegung

Es muss eingehalten sein:
allgemein:

$$\frac{M_{y,d}}{W_{y,ef} \cdot f_{m,y,d}} + \frac{M_{z,d}}{W_{z,ef} \cdot f_{m,z,d}} \leq 1$$

bei Baustoffen mit gleicher Biegefestigkeit für die Hauptachsen:

$$\frac{M_{y,d}}{W_{y,ef} \cdot f_{m,d}} + \frac{M_{z,d}}{W_{z,ef} \cdot f_{m,d}} \leq 1$$

mit:
$M_{y,d}$, $M_{z,d}$ = Bemessungsmoment um die Querschnittshauptachsen
$W_{y,ef}$, $W_{z,ef}$ = wirksame Widerstandsmomente um die Hauptachsen
$f_{m,y,d}$, $f_{m,z,d}$ = Bemessungswert der Biegefestigkeit

6.1.9.2 Biegung mit Zug

Fehlflächen in der Biegedruckzone dürfen vernachlässigt werden, wenn sie formschlüssig mit einem Werkstoff ausgefüllt sind, dessen Tragfähigkeit und Steifigkeit höher ist als die des Holzes.

Beim Nachweis an Stellen mit Fehlflächen in der Zugzone ist das effektive Widerstandsmoment unter Berücksichtigung der Fehlflächen anzusetzen. Bei Fehlflächen von höchstens 10 % der Bruttoquerschnittsfläche darf das wirksame Flächenträgheitsmoment durch Abzug der auf die Schwerlinie bezogenen Flächenträgheitsmomente der Fehlflächen von dem Flächenträgheitsmoment des ungestörten Querschnitts bestimmt werden.

6.1.9.2.1 Einachsige Biegung mit Zug

Es muss eingehalten sein:

$$\frac{F_{t,0,d}}{A_{ef} \cdot f_{t,0,d}} + \frac{M_d}{W_{ef} \cdot f_{m,d}} \leq 1$$

mit:

$F_{t,0,d}$ = Bemessungswert der Zugkraft
A_{ef} = wirksame Querschnittsfläche
M_d = Bemessungswert des Biegemomentes
W_{ef} = wirksames, dem Moment zugehöriges Widerstandsmoment
$f_{t,0,d}$ = Bemessungswert der Zugfestigkeit
$f_{m,d}$ = Bemessungswert der dem Moment zugehörigen Biegefestigkeit
oder bei Rechteckquerschnitten ohne Querschnittsschwächungen:

$$h \geq \frac{F_{t,0,d}}{f_{t,0,d} \cdot b \cdot 2} + \sqrt{\left(\frac{F_{t,0,d}}{f_{t,0,d} \cdot b \cdot 2}\right)^2 + \frac{M_d \cdot 6}{f_{m,d} \cdot b}}$$

6.1.9.2.2 Doppelbiegung mit Zug

Bei Vollholz, Balkenschichtholz oder Brettschichtholz mit $h/b \leq 4$ muss eingehalten sein:

$$\frac{F_{t,0,d}}{A_{ef} \cdot f_{t,0,d}} + \frac{M_{y,d}}{W_{y,ef} \cdot f_{m,d}} + 0{,}7 \cdot \frac{M_{z,d}}{W_{z,ef} \cdot f_{m,d}} \leq 1$$

und zugleich

$$\frac{F_{t,0,d}}{A_{ef} \cdot f_{t,0,d}} + 0{,}7 \cdot \frac{M_{y,d}}{W_{y,ef} \cdot f_{m,d}} + \frac{M_{z,d}}{W_{z,ef} \cdot f_{m,d}} \leq 1$$

mit:

$F_{t,0,d}$ = Bemessungswert der Zugkraft
A_{ef} = wirksame Querschnittsfläche
$M_{y,d}$, $M_{z,d}$ = Bemessungswert des Momentes um die Querschnittshauptachsen
$W_{y,ef}$, $W_{z,ef}$ = wirksame Widerstandsmomente um die Hauptachsen
$f_{t,0,d}$ = Bemessungswert der Zugfestigkeit
$f_{m,d}$ = Bemessungswert der Biegefestigkeit

6.1.9.2.3 Alle anderen Fälle

Es muss eingehalten sein:
allgemein:

$$\frac{F_{t,0,d}}{A_{ef} \cdot f_{t,0,d}} + \frac{M_{y,d}}{W_{y,ef} \cdot f_{m,y,d}} + \frac{M_{z,d}}{W_{z,ef} \cdot f_{m,z,d}} \leq 1$$

mit:

$F_{t,0,d}$ = Bemessungszugkraft
A_{ef} = wirksame Querschnittsfläche
$M_{y,d}$, $M_{z,d}$ = Bemessungsmoment um die Querschnittshauptachsen
$W_{y,ef}$, $W_{z,ef}$ = wirksame Widerstandsmomente um die Hauptachsen
$f_{t,0,d}$ = Bemessungswert der Zugfestigkeit
$f_{m,y,d}$, $f_{m,z,d}$ = Bemessungswerte der Biegefestigkeit der jeweiligen Richtungen

bei Baustoffen mit gleicher Biegefestigkeit für die Hauptachsen:

$$\frac{F_{t,0,d} \cdot f_{m,d}}{A_{ef} \cdot f_{t,0,d}} + \frac{M_{y,d}}{W_{y,ef}} + \frac{M_{z,d}}{W_{z,ef}} \leq f_{m,d}$$

6.1.9.3 Biegung mit Druck

Fehlflächen in der Biegedruckzone dürfen vernachlässigt werden, wenn sie formschlüssig mit einem Werkstoff ausgefüllt sind, dessen Tragfähigkeit und Steifigkeit höher ist als die des Holzes.

Beim Nachweis an Stellen mit Fehlflächen in der Zugzone ist das effektive Widerstandsmoment unter Berücksichtigung der Fehlflächen anzusetzen. Bei Fehlflächen von höchstens 10 % der Bruttoquerschnittsfläche darf das wirksame Flächenträgheitsmoment durch Abzug der auf die Schwerlinie bezogenen Flächenträgheitsmomente der Fehlflächen von dem Flächenträgheitsmoment des ungestörten Querschnitts bestimmt werden.

6.1.9.3.1 Einachsige Biegung mit Druck bei Vollholz, Balkenschichtholz und Brettschichtholz

Es muss eingehalten sein:

$$\frac{F_{c,0,d}}{A_{ef} \cdot k_c \cdot f_{c,0,d}} + \frac{M_d}{W_{ef} \cdot f_{m,d}} \leq 1$$

mit:

$F_{t,0,d}$ = Bemessungswert der Druckkraft
k_c = Knickbeiwert; der größte Wert beider Achsen ist maßgeblich, siehe *6.1.5* und *Tabelle 8, Seite 28 ff.*
A_{ef} = wirksame Querschnittsfläche
M_d = Bemessungswert des Biegemomentes
W_{ef} = wirksames, dem Moment zugehöriges Widerstandsmoment
$f_{c,0,d}$ = Bemessungswert der Druckfestigkeit parallel zur Holzfaserrichtung
$f_{m,d}$ = Bemessungswert der dem Moment zugehörigen Biegefestigkeit

oder für Rechteckquerschnitte ohne Querschnittsschwächungen:

$$h \geq \frac{F_{c,0,d}}{k_c \cdot f_{c,0,d} \cdot b \cdot 2} + \sqrt{\left(\frac{F_{c,0,d}}{k_c \cdot f_{c,0,d} \cdot b \cdot 2}\right)^2 + \frac{M_d \cdot 6}{f_{m,d} \cdot b}}$$

6.1.9.3.2 Zweiachsige Biegung mit Druck bei Vollholz, Balkenschichtholz oder Brettschichtholz

wenn $h/b \leq 4$:

$$\frac{F_{c,0,d}}{A_{ef} \cdot k_c \cdot f_{t,0,d}} + \frac{M_{y,d}}{W_{y,ef} \cdot f_{m,d}} + 0{,}7 \cdot \frac{M_{z,d}}{W_{z,ef} \cdot f_{m,d}} \leq 1$$

und zugleich

$$\frac{F_{c,0,d}}{A_{ef} \cdot k_c \cdot f_{c,0,d}} + 0{,}7 \cdot \frac{M_{y,d}}{W_{y,ef} \cdot f_{m,d}} + \frac{M_{z,d}}{W_{z,ef} \cdot f_{m,d}} \leq 1$$

mit:

$F_{c,0,d}$ = Bemessungswert der Druckkraft parallel zur Holzfaserrichtung
A_{ef} = wirksame Querschnittsfläche
k_c = Knickbeiwert, siehe 6.1.5, Seite 27 ff.
$M_{y,d}$, $M_{z,d}$ = Bemessungsmomente um die Querschnittshauptachsen
$W_{y,ef}$, $W_{z,ef}$ = wirksame Widerstandsmomente um die Hauptachsen
$f_{c,0,d}$ = Bemessungswert der Druckfestigkeit parallel zur Holzfaserrichtung
$f_{m,d}$ = Bemessungswert der Biegefestigkeit

6.1.9.3.3 Alle anderen Fälle

Es muss eingehalten sein:

$$\frac{F_{t,0,d}}{A_{ef} \cdot k_c \cdot f_{c,0,d}} + \frac{M_{y,d}}{W_{y,ef} \cdot f_{y,m,d}} + \frac{M_{z,d}}{W_{z,ef} \cdot f_{z,m,d}} \leq 1$$

6.1.9.4 Schubbeanspruchungen

Bei Biegestäben im Rahmen dieses Werks ist vor dem Auflager zusätzlich zu Torsionsmomenten aus äußeren Einwirkungen ein Torsionsmoment anzunehmen von

$$M_{tor,d} = \frac{M_d}{80}$$

mit:
M_d = Bemessungswert des größten Biegemomentes im Stab

Bei Schub aus Biegung in Bereichen des ungestörten Querschnitts:

$$\frac{1{,}5 \cdot V_d}{A \cdot f_{v,d}} \leq 1$$

Bei Schub aus Doppelbiegung in Bereichen des ungestörten Querschnitts:

$$\left(\frac{1{,}5 \cdot V_{y,d}}{A \cdot f_{v,d}}\right)^2 + \left(\frac{1{,}5 \cdot V_{z,d}}{A \cdot f_{v,d}}\right)^2 \leq 1$$

mit
$V_{y,d}$, $V_{z,d}$ = Bemessungswert der Querkraft
A = Querschnittsfläche $b \cdot h$
$f_{v,d}$ = Bemessungswert der Schubfestigkeit
Bei Schub aus äußeren Kräften parallel zur Scherfläche:

$$\frac{V_{x,d}}{A_x \cdot f_{v,d}} \leq 1$$

mit:
$V_{x,d}$ = Bemessungswert der Scherkraft parallel zur Holzfaserrichtung
A_x = Scherfläche in Holzfaserrichtung
Bei Schub aus Torsion in Bereichen des ungestörten Querschnitts bei Balken mit $h/b \leq 4$:

$$\frac{\frac{M_{tor,d}}{h \cdot b^2} \cdot \left(3 + 2{,}1 \cdot \frac{b}{h}\right)}{f_{v,d}} \leq 1$$

mit:
$M_{tor,d}$ = Bemessungwert des Torsionsmomentes
h,b = Querschnittsmaße
Bei Schub aus Biegung und Torsion in Bereichen des ungestörten Querschnitts bei Balken mit $h/b \leq 4$:

$$\frac{\frac{M_{tor,d}}{h \cdot b^2} \cdot \left(3 + 2{,}1 \cdot \frac{b}{h}\right)}{f_{v,d}} + \left(\frac{1{,}5}{A \cdot f_{v,d}}\right)^2 \cdot \left(V_{y,d}^2 + V_{z,d}^2\right) \leq 1$$

Bei oben oder unten liegenden Ausklinkungen, Abschrägungen oder sonstigen Störungen des Holzquerschnitts gelten andere Regeln.

6.1.10 Ausklinkungen, Queranschlüsse und Zapfen

6.1.10.1 Unverstärkte Ausklinkung an einem Trägerauflager auf der unbelasteten Seite

Bei einer Ausklinkung nach *Bild 11* muss eingehalten sein:

$$\frac{1{,}5 \cdot V_\mathrm{d}}{b \cdot h_\mathrm{e} \cdot f_\mathrm{v,d}} \leq 1$$

mit:
V_d = Bemessungswert der Auflagerkraft
h = Balkenhöhe
h_e = Höhe des Restquerschnitts über dem Auflager, bei Abschrägungen die Höhe über der Wirkungslinie der Auflagerkraft
b = Balkenbreite
$f_\mathrm{v,d}$ = Bemessungwert der Schubfestigkeit
wenn $c < h_\mathrm{e}$, muss eingehalten sein:

$$\frac{\dfrac{1{,}5 \cdot V_\mathrm{d}}{b \cdot h}}{\left(1 - \dfrac{c}{h_\mathrm{e}} + \dfrac{c}{h}\right) \cdot f_\mathrm{v,d}} \leq 1$$

c = Abstand der Ausklinkungsecke von der Wirkungslinie der Auflagerkraft

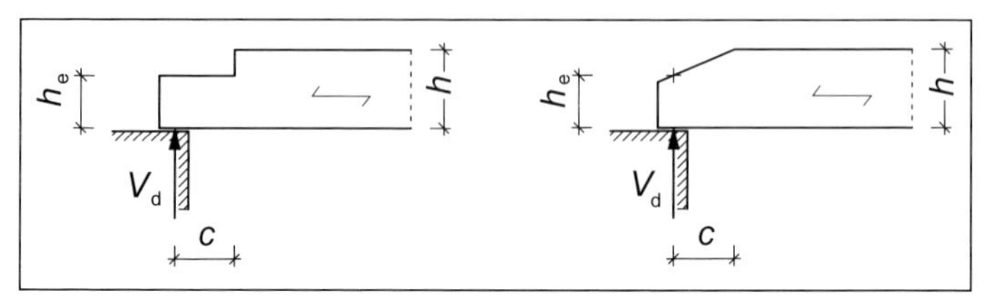

Bild 11: Ausklinkung am Auflager auf der unbelasteten Seite, Maßbezeichnungen

6.1.10.2.1 Ausklinkung an einem Trägerauflager auf der belasteten Seite

Eine Ausklinkung nach *Bild 12* darf ohne Verstärkungen ausgeführt werden:

Wenn $h_e \geq 0{,}5 \cdot h$ und zugleich $c \leq 0{,}4 \cdot h$:

$$\frac{1{,}5 \cdot F_{v,d}}{k_v \cdot h_e \cdot b} \leq 1$$

mit:

$k_v = \min \{k_{90};1\}$

$$k_{90} = \frac{k_n}{\sqrt{h_e - \frac{h_e^2}{h} + 0{,}8 \cdot c \cdot \sqrt{\frac{1}{h_e} - \frac{h_e^2}{h^3}}}}$$ alle Maße in mm

k_n = 5 bei Vollholz

k_n = 6,5 bei Brettschichtholz

c = Abstand von der Ausklinkungsecke bis zur Wirkungslinie der Auflagerkraft

6.1.10.2.2 Verstärkung mit Holzschrauben

Bei Verstärkung einer Ausklinkung nach *Bild 13* mit Holzschrauben, deren Gewinde über die gesamte Schraubenlänge reicht, muss eingehalten sein:

$$1{,}3 \cdot V_d \cdot (1 - 3\,\alpha^2 + 2\,\alpha^3) \leq \min R_{ax,d} \cdot n$$

mit:

V_d = Bemessungswert der Querkraft (Auflagerkraft)

$\alpha = \frac{h_e}{h}$

$\min R_{ax,d}$ = kleinster Bemessungswert des Ausziehwiderstandes einer Schraube, der sich aus $\min \ell_{ef}$ ergibt; es darf in Holzfaserrichtung nur die in Holzfaserrichtung der Ausklinkung zunächst liegende Schraube in Rechnung gestellt werden

n = Anzahl der parallel zur Auflagerlinie nebeneinanderliegenden Schrauben

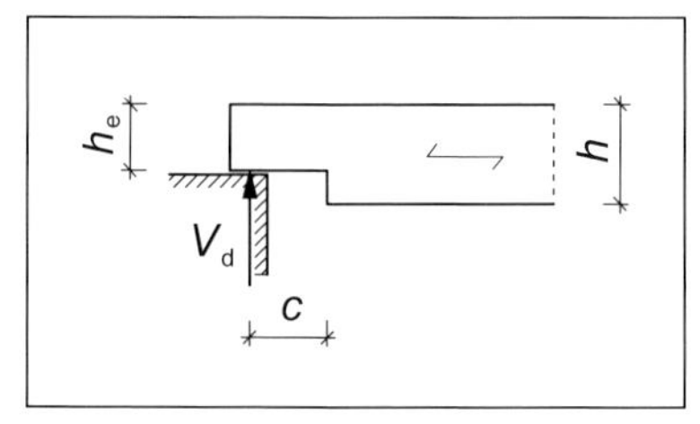

Bild 12: Ausklinkung am Auflager auf der belasteten Seite, Maßbezeichnungen

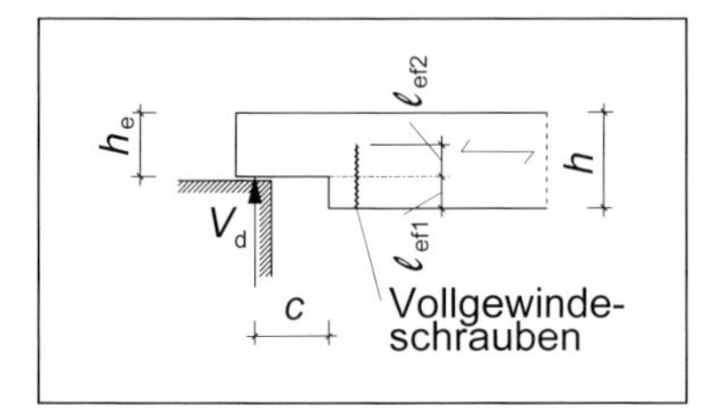

Bild 13: Verstärkung einer Ausklinkung auf der belasteten Seite mit Holzschrauben, deren Gewinde über die gesamte Schraubenlänge reicht, wobei alle Ränder als unbelastet anzusehen sind

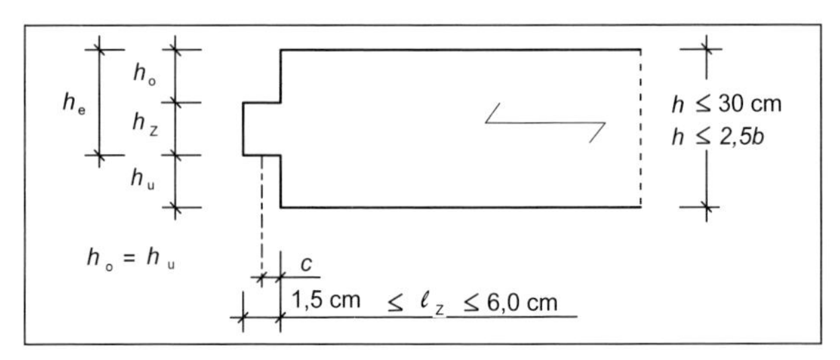

Bild 14: Maßbezeichnungen und Bedingungen bei Zapfen

6.1.10.2.3 Unverstärkte Zapfen

Für Zapfen, die nachfolgenden Bedingungen entsprechen, muss eingehalten sein:

Bedingungen:
$h \leq 30$ cm
$h \geq 1{,}5 \cdot b$ und zugleich $h \leq 2{,}5 \cdot b$
Zapfenlänge $\ell_z \geq 1{,}5$ cm und zugleich $\ell_z \leq 6{,}0$ cm
Zapfenhöhe $h_z \geq \frac{1}{3} h$
mittiger oder unten liegender Zapfen
bei Vollholz und Balkenschichtholz:

$$\frac{V_d \cdot \sqrt{h} \cdot \left(0{,}424 + \frac{22{,}14}{h}\right)}{b \cdot h_e \cdot f_{v,d}} \leq 1$$

bei Brettschichtholz:

$$\frac{V_d \cdot \sqrt{h} \cdot \left(0{,}551 + \frac{28{,}78}{h}\right)}{b \cdot h_e \cdot f_{v,d}} \leq 1$$

und zugleich:

$$\frac{V_d}{1{,}7 \cdot b \cdot \left(\ell_z + 30\ \text{mm}\right) \cdot f_{c,90,d}} \leq 1$$

mit:
V_d = Bemessungswert der Zapfenbeanspruchung (Auflagerkraft)
b = Balkenbreite
h = Balkenhöhe in mm
h_e = Höhe von Unterkante Zapfen bis Oberkante Balken
ℓ_z = Zapfenlänge
$f_{v,d}$ = Bemessungswert der Schubfestigkeit
$f_{c,90,d}$ = Bemessungswert der Druckfestigkeit rechtwinklig zur Holzfaserrichtung

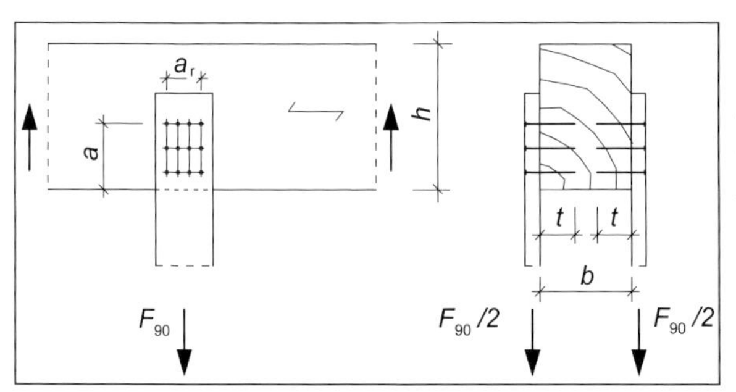

Bild 15: Schematische Darstellung der Bezeichnungen bei Queranschlüssen, bei Zapfen ist für a_r die Zapfenlochbreite und für a die Unterkante des Zapfenloches anzusetzen.

6.1.10.3 Bemessung von Hauptträgern bei Queranschlüssen

6.1.10.3.1 Hauptträger, in die rechtwinklig zur Holzfaserrichtung Kräfte eingeleitet werden

Solche Träger dürfen **unverstärkt** eingesetzt werden, wenn nach *Bild 15:*
$a/h > 0{,}7$

In allen anderen Fällen ohne Verstärkungen gilt:

unter der Bedingung, dass $a_r \leq 0{,}5 \cdot h$
muss eingehalten sein:
für Fall 1 nach *Bild 16:*

$$\frac{F_{90,d}}{k_s \cdot \left(6{,}5 + 18 \cdot \frac{a^2}{h^2}\right) \cdot t_{ef}^{0,8} \cdot h^{0,8} \cdot f_{t,90,d}} \leq 1$$

für Fall 2 nach *Bild 16:*

$$\frac{F_{90,d}}{k_s \cdot \left(6{,}5 + 18 \cdot \frac{a^2}{h^2}\right) \cdot t_{ef}^{0,8} \cdot h^{0,8} \cdot f_{t,90,d} \cdot 0{,}625} \leq 1$$

für Fall 3 nach *Bild 16:*

$$\frac{F_{90,d}}{k_s \cdot \left(6{,}5 + 18 \cdot \frac{a^2}{h^2}\right) \cdot t_{ef}^{0,8} \cdot h^{0,8} \cdot f_{t,90,d} \cdot 0{,}313} \leq 1$$

jeweils mit:

$F_{90,d}$ = Bemessungswert der rechtwinklig zur Holzfaserrichtung angreifenden Kraft

k_s $= \max \left\{1;\ 0{,}7 \cdot \frac{1{,}4 \cdot a_r}{h}\right\}$

t_{ef} = Eindringtiefe der Verbindungsmittel in den Hauptträger in mm, bei Zapfen die Zapfenlänge; Grenzwerte siehe *Tabelle 12*

h = Trägerhöhe in mm

a_r = größter Abstand der Verbindungsmittel parallel zur Faserrichtung des Hauptträgers in mm, bei Zapfen die Zapfenbreite

Bild 16: Fallunterscheidungen bei Queranschlüssen

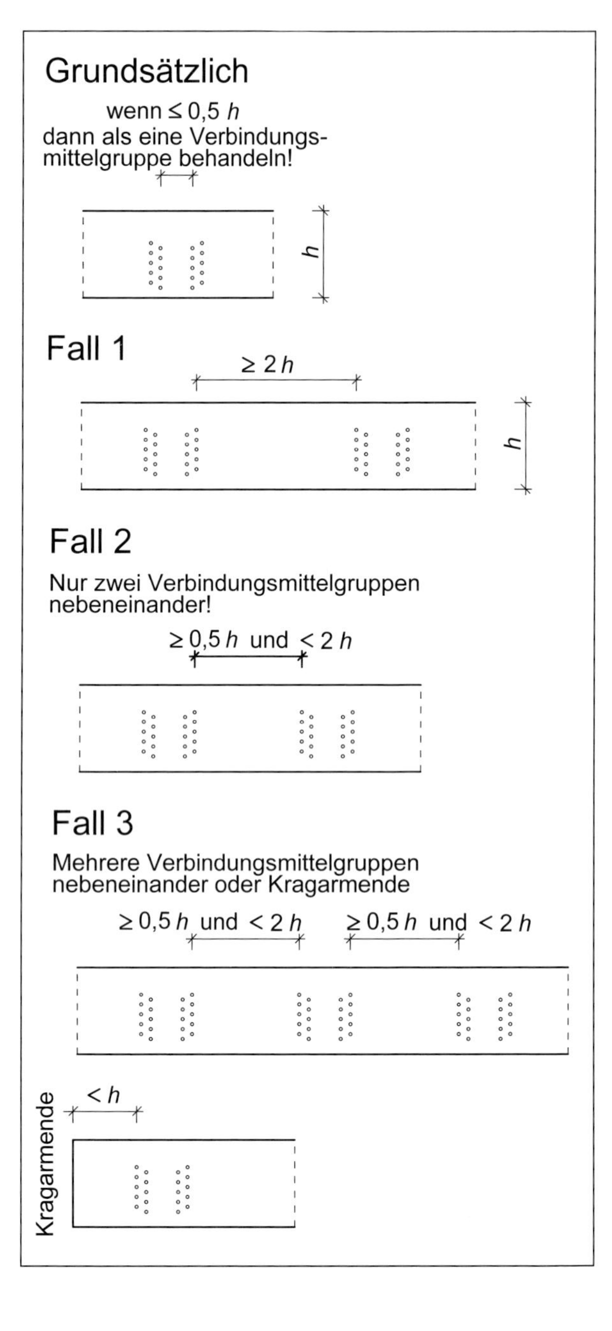

Tabelle 12: Wirksame Einflusstiefe t_{ef} der Verbindungen im Hauptträger bei Queranschlüssen; stets $t_{ef} \leq$ Breite des Hauptträgers; t = Eindringtiefe der Verbindungsmittel

Anschlussart	**beidseitige Anschlüsse**	**einseitiger Anschluss**
Nägel, Holzschrauben; Holz-Holz, Holz-Holzwerkstoff	$2 \cdot t; \leq 24 \cdot d$	$2 \cdot t; \leq 12 \cdot d$
Nägel; Stahlblech-Holz	$2 \cdot t; \leq 30 \cdot d$	$2 \cdot t; \leq 15 \cdot d$
Stabdübel, Passbolzen	$2 \cdot t; \leq 12 \cdot d$	$2 \cdot t; \leq 6 \cdot d$
Dübel besonderer Bauart	100 mm	50 mm
Zapfen	2 · Zapfenlänge	Zapfenlänge

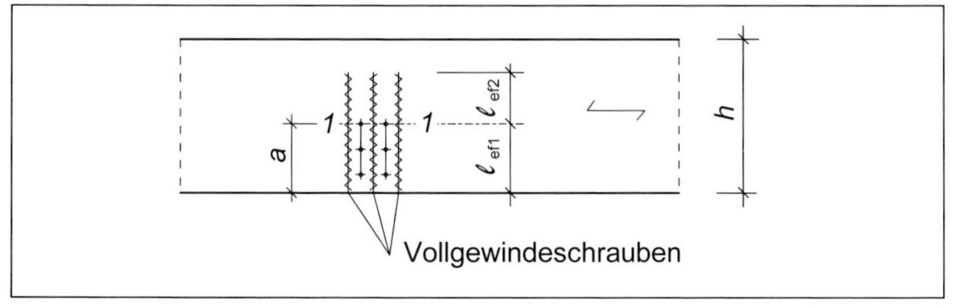

Bild 17: Querzug-Verstärkungsmöglichkeit bei Queranschlüssen mit Vollgewindeschrauben, beidseitig des Anschlusses dürfen nicht mehrere Schrauben in Holzfaserrichtung hintereinander in Rechnung gestellt werden.

6.1.10.3.2 Querzugverstärkung bei Queranschlüssen

Ist bei Queranschlüssen eine Verstärkung erforderlich, kann diese mit Holzschrauben, deren Gewinde über die gesamte Schraubenlänge reicht, vorgenommen werden. Für eine solche Verstärkung muss eingehalten sein:

$$F_{90,d} \cdot \left[1 - 3 \cdot \left(\frac{a}{h}\right)^2 + 2 \cdot \left(\frac{a}{h}\right)^3\right] \leq \min R_{ax,d} \cdot n$$

mit:

$F_{90,d}$ = Bemessungswert der Anschlusskraft rechtwinklig zur Faserrichtung des Holzes

a = Maß nach *Bild 17*

$R_{ax,d}$ = Bemessungswert der Kraft einer Schraube auf Herausziehen, wobei $R_{ax,d}$ für die Schraubenteile über und unter der Fuge 1-1 nach *Bild 17* gesondert zu bestimmen sind.

n = Schraubenanzahl; es darf außerhalb des Queranschlusses in Holzfaserlängsrichtung je Seite nur eine Schraube oder Schraubenreihe in Rechnung gestellt werden, Schrauben außerhalb von t_{ef} (siehe Tabelle 12) dürfen nicht in Rechnung gestellt werden.

6.2 Bemessung von Holztafeln unter Scheibenbeanspruchung mit Beplankungen aus Holzwerkstoffplatten

6.2.0 Generelle Regeln

- Es sind nur rechteckige Tafeln zulässig.
- Die Tafeln müssen an allen Rändern Rippen (Gurte) aufweisen.
- Der Rippenabstand darf nicht gößer als das 50-fache der Plattendicke sein.
- Die Rippen müssen randparallel eingebaut sein.
- Rippen mit einem Seitenverhältnis $h/b \leq 4$ sind mit einseitiger Beplankung ohne Nachweis ausreichend gegen Kippen und Knicken gesichert.
- Rippen mit einem Seitenverhältnis $h/b > 4$ sind mit beidseitiger Beplankung ohne Nachweis ausreichend gegen Kippen und Knicken gesichert.
- Die Mindestdicken der Werkstoffe und die Grenzen der Verbindungsmittelabstände nach *Tabelle 13* sind einzuhalten.
- Die Beanspruchungen infolge von einzelnen Öffnungen in der Beplankung, die die Bedingungen nach *Bild 19* erfüllen, dürfen vernachlässigt werden.
- Alle Kräfte aus den Tafeln sind weiterzuleiten.

Tabelle 13: Mindestplattendicken und Mindest- und Höchstabstände bei nicht vorgebohrten Nägeln und Holzschrauben sowie Klammern bei Beplankungen von Holztafeln

Beplankungsplatte bzw. Rippen		**Verbindungsmittel $d < 5$ mm Abstände der Verbindungsmittel**				
	Mindest-dicke	vom unbeanspruchten Rand	vom beanspruchten Rand	mindestens untereinander	höchstens untereinander	
					bei Randrippen	bei Mittelrippen
Sperrholz nach Tab. F.11 DIN 1052	$7d$		$4d$			
Sperrholz nach Tab. F.12 DIN 1052	$6d$	$3d$	$4d$	$20d$	$40d$ und ≤ 150 mm bei Schrauben ≤ 200 mm	$80d$ und ≤ 300 mm
OSB/2 bis OSB/4						
kunstharzgebundene Spanplatten P4 bis P7	$7d$		$7d$			
Rippen bei Nägeln und Holzschrauben	$14d$	parallel[1] $7d$, rechtwinklig[1] $5d$	parallel[1] $12d$, rechtwinklig[1] $7d$	parallel[1] $10d$, rechtwinklig[1] $5d$		
Rippen bei Klammern	$14d$	parallel[1] $15d$, rechtwinklig[1] $10d$	parallel[1] $20d$, rechtwinklig[1] $15d$	parallel[1] $15d$, rechtwinklig[1] $15d$		

1) zur Holzfaserrichtung, bei Klammern ist ein Winkel von mindestens 30° zwischen Klammerrücken und Holzfaserrichtung angenommen.

6.2.1 Ermittlung der Stabkräfte und des Schubflusses bei Holztafeln

6.2.1.1 Gurtkräfte und Schubfluss bei Dach- und Deckentafeln

Für die Ermittlung nach den *Bildern 18a und 18b* gelten folgende Regeln:

- Die Stützweite der Tafeln ℓ_T darf nicht größer sein als:
  - bei Tafeln mit nicht verbundenen Plattenrändern quer zu den Innenrippen:
    - höchstens 12,5 m,
    - mehr als 12,5 m, wenn höchstens 3 Plattenreihen vorhanden sind.
  - bei Tafeln mit an allen Plattenrändern schubfest angeschlossener Beplankung:
    - beliebig.
- Die statisch wirksame Höhe der Tafeln darf rechnerisch nicht größer angesetzt werden als $h_{T,calc}$, wobei für die Stützweite ℓ_T die Feldweite oder bei Kragarmen das 2-Fache der Kragarmlänge anzunehmen ist:
  - bei Tafeln mit nicht verbundenen Plattenrändern quer zu den Innenrippen: $h_{T,calc}$ höchstens $^1/_4$ der Stützweite ℓ_T,
  - bei Tafeln mit an allen Plattenrändern schubfest angeschlossener Beplankung:
    - bei auf beide Ränder verteilter Lasteintragung: $h_{T,calc}$, höchstens $^1/_2$ der Stützweite ℓ_T,
    - bei Lasteintragung nur an einem Rand: $h_{T,calc}$, höchstens $^1/_4$ der Stützweite ℓ_T.
- Randrippen (Gurte) sollten nicht gestoßen sein, bei etwaigen Stößen sind diese für das 1,5-Fache des Bemessungswertes der Beanspruchung zu bemessen.
- Beanspruchungen aus Lasteinträgen, die nicht den angegebenen Gleichstreckenlasten entsprechen (Einzellasten, ungleichmäßige Streckenlasten), sind zu berücksichtigen.

Die Gurtkräfte ergeben sich zu:

$$F_{G,d} = \frac{\pm \max M_d}{h_{T,calc}}$$

mit:

$F_{G,d}$ = Bemessungswert der Gurtkräfte (Längskräfte in den Randrippen)

$\max M_d$ = Bemessungswert des größten Biegemomentes in der Tafelebene

$h_{T,calc}$ = rechnerisch ansetzbare statische Höhe der Tafel:
bei Kragarmen: $h_{T,calc} = \min\{h_T; \ell_T/8\}$
ansonsten: $h_{T,calc} = \min\{h_T; \ell_T/4\}$

h_T = vorhandene Tafelhöhe

ℓ_T = Stützweite der Tafel, bei Kragarmen: Auskragungslänge

Der Schubfluss ergibt sich zu:

$$s_{v,0,d} = \frac{\max V_d}{h_{T,calc}}$$

mit:

$s_{v,0,d}$ = Bemessungswert des Schubflusses

$\max V_d$ = maximaler Bemessungswert der Querkraft in Tafelebene

$h_{T,calc}$ = rechnerisch ansetzbare statische Höhe der Tafel (siehe vor)

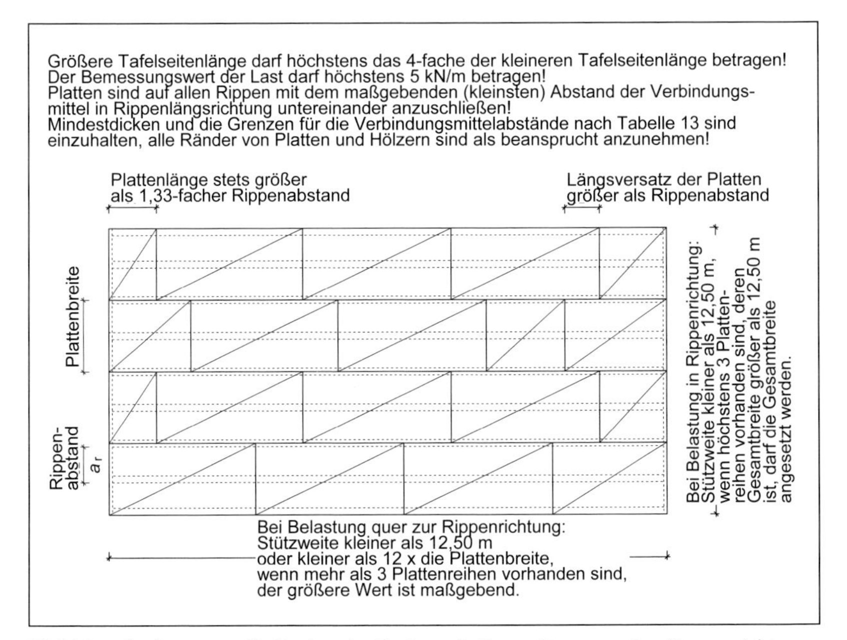

Bild 18a: Bedingungen für Dach- oder Deckenscheiben mit quer zu den Rippen nicht verbundenen Plattenrändern

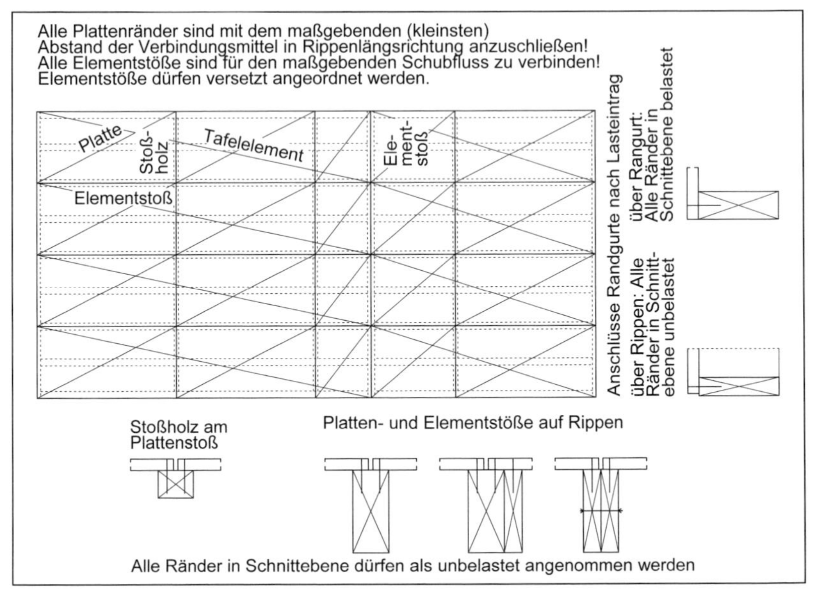

Bild 18b: Bedingungen für Dach- oder Deckenscheiben mit allseitig für den Bemessungswert des Schubflusses verbundenen Plattenrändern

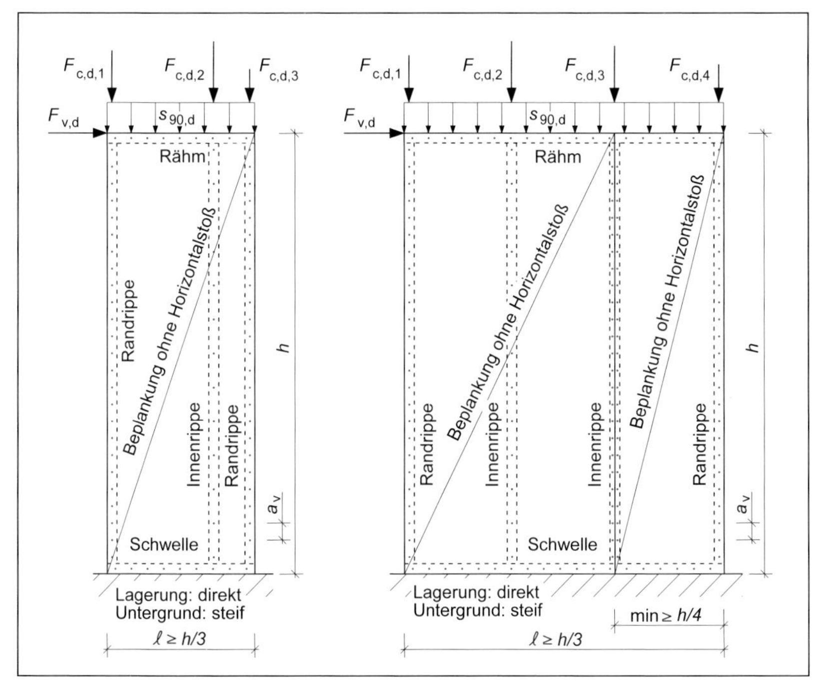

Bild 19: Mindestbedingungen für Wandtafeln

6.2.1.2 Schnittgrößen in Wandtafeln

Für die Ermittlung der Schnittgrößen nach dem *Bild 19* gelten folgende Regeln:

- Es dürfen nur Wandtafellängen von mindestens $^1/_3$ der Wandtafelhöhe und Tafeln mit einer Breite der Beplankungsplatten von mindestens $^1/_3$ der Tafelhöhe als Scheiben angesetzt werden.
- Die Resultierende der auf die Wandtafel einwirkenden Vertikallasten darf höchstens $^1/_6$ der Tafellänge und zugleich höchstens $^1/_6$ der Tafelhöhe von der vertikalen Tafelmitte entfernt angreifen.
- Die auf die Wandtafel einwirkenden Vertikallasten sind auf die Wandständer und die Beplankung zu verteilen.
- Wandtafeln, die über durchgehende Schwellen und Rähme verbunden sind, dürfen für einen entsprechend den einzelnen Tafellängen auf die einzelnen Tafeln verteilten, gleichen Schubfluss bemessen werden, wobei falls erforderlich jede Einzeltafel zu verankern ist.

Der Schubfluss ergibt sich zu:

$$s_{v,0,d} = \frac{F_{v,d}}{\ell}$$

mit:

$F_{v,d}$ = Bemessungswert der in Tafelebene am Tafelkopf horizontal auf die Tafel einwirkende Kraft

ℓ = Tafellänge

$s_{v,0,d}$ = Bemessungswert des Schubflusses

Die Verteilung der Beanspruchungen aus vertikaler Belastung auf Wandständer und Beplankung darf für vollflächig an Schwelle und Rähm über Druckkontakt anschließende Ständer ermittelt werden zu:

$$F_{c,d,\text{Ständer}} = \sum F_{c,d,i} \cdot \frac{A_{\text{Ständer}} \cdot k_{c,90}}{A_{\text{Ständer}} \cdot k_{c,90} + \frac{R_d \cdot a_E}{a_v}}$$

und

$$s_{v,90,d} = \sum F_{c,d,i} \cdot \frac{\frac{R_d \cdot a_E}{a_v}}{\left(A_{\text{Ständer}} \cdot k_{c,90} + \frac{R_d \cdot a_E}{a_v} \right) \cdot a_E}$$

mit:

$\sum_1^i F_{c,d,i}$ = Bemessungswert der Summe aller Vertikallasten in dem gegebenen Ständerabschnitt
$A_{\text{Ständer}}$ = Querschnittsfläche des Wandständers
$k_{c,90}$ = Querdruckbeiwert siehe 6.1.6 Seite 30
R_d = Bemessungswert der Tragfähigkeit eines Verbindungsmittels
a_v = Abstand der Verbindungsmittel an den Plattenrändern in Rippenrichtung untereinander
a_E = Länge des betrachteten Tafelbereiches; bei Innenständern: Ständerabstand a_r, bei Randständern: $a_r/2$
$F_{c,d,\text{Ständer}}$ = Bemessungswert der Druckkraft in dem Ständer
$s_{v,90,d}$ = Bemessungswert der Beanspruchung der Verbindungsmittel rechtwinklig zum Tafelrand, bezogen auf die Längeneinheit

6.2.1.2.1 Beanspruchungen an den Randrippen von Wandtafeln

Die Randrippen und deren Anschlüsse an Schwellen und Rähme (im Allgemeinen Druckkontakt) sind zusätzlich zu den Beanspruchungen aus Vertikallasten zu bemessen für die Kraft $\Delta F_{c,d}$:

wenn $\ell_T \leq h_T/2$:

$$\Delta F_{c,d} = F_{v,d} \cdot \frac{h_T}{\ell_T}$$

wenn $\ell_T > h_T/2$ und einseitige Beplankung:

$$\Delta F_{c,d} = F_{v,d} \cdot \frac{h_T}{\ell_T} \cdot 0{,}75$$

wenn $\ell_T > h_T/2$ und beidseitige Beplankung:

$$\Delta F_{c,d} = F_{v,d} \cdot \frac{h_T}{\ell_T} \cdot 0{,}67$$

mit:

$F_{v,d}$ = Bemessungswert der in Tafelebene am Tafelkopf horizontal auf die Tafel einwirkenden Kraft

ℓ_T = Tafellänge

h_T = Tafelhöhe

6.2.1.2.2 Beanspruchungen der Innenrippen von Wandtafeln

Die Innenrippen und deren Anschlüsse an Schwellen und Rähme (im Allgemeinen Druckkontakt) sind zusätzlich zu den Beanspruchungen aus Vertikallasten zu bemessen für die Kraft $\Delta F_{c,d}$:

$$\Delta F_{c,d} = 0{,}20 \cdot F_{v,d} \cdot \frac{h_T}{\ell_T}$$

mit:

$F_{v,d}$ = Bemessungswert der in Tafelebene am Tafelkopf horizontal auf die Tafel einwirkenden Kraft

ℓ_T = Tafellänge

h_T = Tafelhöhe

6.2.2 Verankerungen von Wandtafeln

Wandtafeln, bei denen abhebende Auflagerkräfte auftreten, sind zu verankern für:

$$F_{t,d,dst} - F_{c,d,stb} \leq R_d$$

mit:

$F_{t,d,dst}$ = Bemessungswert der Zugkraft aus destabilisierenden Einwirkungen

$F_{c,d,stb}$ = Bemessungswert der Druckkraft aus stabilisierenden Einwirkungen

R_d = Bemessungswert der Tragfähigkeit der Verankerung

6.2.3 Bemessungnachweise für Holztafeln

Für Holztafeln, die als Scheiben nach den *Bildern 18 bis 19* ausgeführt sind, müssen eingehalten sein:

$$\frac{k_{v1} \cdot R_d}{a_v} \geq s_{v,0,d}$$

und

$$k_{v1} \cdot k_{v2} \cdot f_{v,d} \cdot t \geq s_{v,0,d}$$

und

$$\frac{k_{v1} \cdot k_{v2} \cdot f_{v,d} \cdot 35 \cdot t^2}{a_r} \geq s_{v,0,d}$$

und

$$\frac{R_d}{a_v} \geq s_{v,90,d}$$

und

$$k_{v2} \cdot f_{c,d} \cdot t \geq s_{v,90,d}$$

und

$$\frac{k_{v2} \cdot f_{c,d} \cdot 20 \cdot t^2}{a_r} \geq s_{v,90,d}$$

mit:

$s_{v,0,d}$ = Bemessungswert des Schubflusses
$s_{v,90,d}$ = Bemessungswert der gleichmäßig verteilten Belastung rechtwinklig zum Tafelrand
$f_{v,d}$ = Bemessungswert der Schubfestigkeit der Beplankungsplatten
$f_{c,d}$ = Bemessungswert der Druckfestigkeit der Beplankungsplatten
R_d = Bemessungswert der Tragfähigkeit eines Verbindungsmittels auf Abscheren
a_v = Abstand der Verbindungsmittel untereinander
a_r = Abstand der Rippen
t = Dicke der Platten
k_{vl} = 1,0 für Tafeln mit allseitig schubsteif verbundenen Plattenrändern
k_{vl} = 0,66 für Tafeln mit nicht allseitig schubsteif verbundenen Plattenrändern
k_{v2} = 0,33 bei einseitiger Beplankung
k_{v2} = 0,5 bei beidseitiger Beplankung

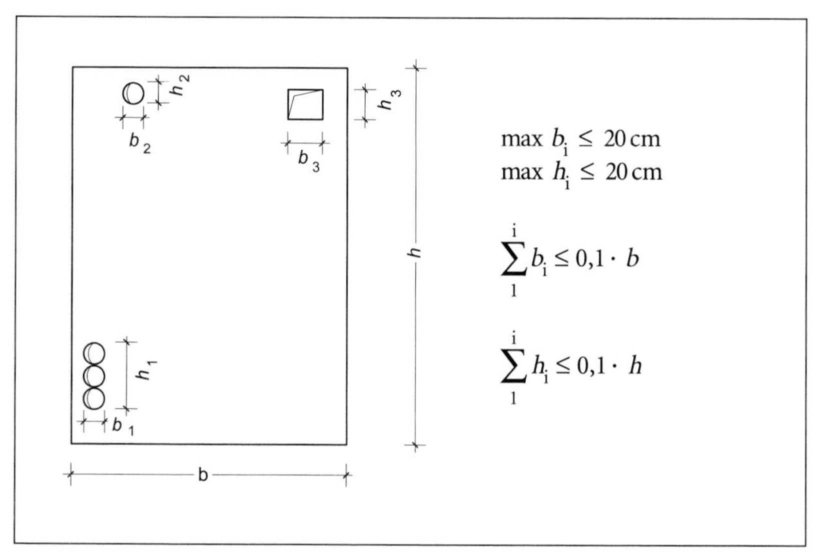

Bild 20: Öffnungen in Beplankungen von Tafeln, die bei der Bemessung vernachlässigt werden dürfen

6.3 Vereinfachte Bemessung von mechanischen Holzverbindungen

6.3.0 Grundsätzliches

Bei Wechselbeanspruchungen ist als Bemessungswert für die Beanspruchung der Verbindung anzusetzen:

$$F_d = \max\{F_{t,d} + 0{,}5 \cdot F_{c,d};\ 0{,}5 \cdot F_{t,d} + F_{c,d}\}$$

mit:
$F_{t,d}$ = Bemessungswert der zu verbindenden Zugkraft
$F_{c,d}$ = Bemessungswert der zu verbindenden Druckkraft
F_d = Bemessungswert der anzusetzenden, zu verbindenden Kraft

Bei KLED „kurz“ und „sehr kurz“ darf der Einfluss der Wechselbeanspruchung vernachlässigt werden.

Werden bei einem Anschluss verschiedene mechanische Verbindungsmittel eingesetzt, so dürfen nur Stabdübel, Passbolzen, Nägel, Klammern, Holzschrauben und Einpressdübel sowie Kontaktanschlüsse als zusammenwirkend angenommen werden. Die Tragfähigkeit des Verbindungsmittels, auf das der kleinere Lastanteil entfällt, ist auf zwei Drittel abzumindern.

Die Auswirkungen von Abständen des statischen Schwerpunktes von Anschlüssen zu den zugehörigen Schwerachsen der Stäbe (Ausmitten) sind stets zu berücksichtigen!

Zusätzlich ist bei indirekten Anschlüssen ein ausreichend verdrehsteifer Anschluss der Verbindungselemente an die anschließenden Stäbe nachzuweisen. Indirekter Anschluss = Anschluss, bei dem nicht unmittelbar Stab an Stab anschließt; Verbindungselement = Konstruktionsteil (Lasche, Knotenplatte) zwischen Stäben; bei Anschluss für das 1,5-fache der Bemessungskraft oder das 3,0-fache des Bemessungsmomentes darf ausreichende Verdrehsteifigkeit ohne weiteres angenommen werden.

6.3.1 Auf Abscheren beanspruchte Verbindungen mit Stabdübeln, Passbolzen, Nägeln, Klammern oder Holzschrauben

6.3.1.0 Grundsätzliches

Verbindungen mit nur einem Verbindungsmittel sind nur zulässig:

- bei Anschlüssen von Dachlatten, die keine aussteifende Funktion haben, hier gelten die Fachregeln der Fachverbände,
- bei Anschlüssen, bei denen die benachbarten Verbindungen beim Versagen einer Verbindung deren Beanspruchung übernehmen können,
- bei Anschlüssen von Sparren, Pfetten u. Ä. zur Lage- und Windsogsicherung,
- bei Anschlüssen mit einem Stabdübel oder Passbolzen, wenn dessen Tragfähigkeit um die Hälfte abgemindert wird.

Sind die Bedingungen für die Anordnung der Verbindungsmittel Stabdübel, Passbolzen, Nägel, Klammern oder Holzschrauben in den *Bildern 21 bis 31* eingehalten und mindestens 4 Scherflächen oder zwei Verbindungsmittel je Anschluss vorhanden, so ergeben sich folgende Bemessungswerte für deren Tragfähigkeiten.

6.3.1.1 Mindesteinbindetiefe in Holz bzw. Mindestholzdicke bei durchdringenden oder eindringenden Verbindungsmitteln

Die Mindestdicke bzw. Mindesteinbindetiefe beträgt:

$$t_{\text{req}} = T \cdot \sqrt{\frac{f_{\text{u,k}}}{\rho_{\text{k}}}} \cdot d^{\text{D}} \cdot \frac{1}{k_{\alpha,1}} \text{ in mm}$$

mit:

d = Nenndurchmesser des Stiftes in mm; bei Holzschrauben ist für d das 0,765-Fache des Schaftdurchmessers anzusetzen
T = Beiwert nach *Tabelle 14*
$f_{\text{u,k}}$ = charakteristische Festigkeit des Stahls in N/mm^2
ρ_{k} = charakteristische Rohdichte des Holzes in kg/m^3
d = Nenndurchmesser des Stiftes in mm
D = Beiwert nach *Tabelle 14*
$k_{\alpha,1}$ = Beiwert nach *Tabelle 17* für eine Reihe Verbindungsmittel hintereinander
t_{req} = Mindestdicke des Werkstoffs bzw. Mindesteinbindetiefe des Verbindungsmittels

6.3.1.2 Charakteristischer Wert der Tragfähigkeit für einen Stift

Der charakteristische Wert der Tragfähigkeit für das Abscheren eines Stiftes ergibt sich für eine Scherfuge zu:

für Holz und Sperrholz :

$$R_{\text{l,k}} = k_{\text{L}} \cdot \sqrt{\rho_{\text{k}} \cdot f_{\text{u,k}}} \cdot d^{\text{Z}} \text{ in N}$$

mit:

k_{L} = Beiwert nach *Tabelle13*
Z = Beiwert nach *Tabelle13*
$R_{\text{l,0,k}}$ = charakteristische Tragfähigkeit eines Verbindungsmittels je Scherfuge in Faserrichtung

und für OSB und Spanplatten:

$$R_{1,0,\text{k}} = k_{\text{L}} \cdot \sqrt{f_{\text{u,k}}} \cdot d^{\text{Z}} \text{ in N}$$

Tabelle 14: Beiwerte zur Berechnung von t_{req} und $R_{1,0,k}$

		Seiten-holz	Mittel-holz		
	D	*T*	*T*	k_L	*Z*
Holz nicht vorgebohrt					
Holz – Holz, Holz – dünnes Blech außen	0,95	7,51	6,22	0,222	1,65
Holz – dünnes Blech innen oder dickes Blech außen			8,80	0,314	
Holz vorgebohrt					
Holz – Holz, Holz – dünnes Blech außen $d \leq 12$ mm	0,8	8,01	6,63	0,208	1,8
Holz – dünnes Blech innen oder dickes Blech außen, $d \leq 12$ mm			9,37	0,294	
Holz – Holz, Holz – dünnes Blech außen $d \leq 24$ mm		8,62	7,14	0,193	
Holz – dünnes Blech innen od. dickes Blech außen $d \leq 24$ mm			10,09	0,273	
Plattenwerkstoffe nicht vorgebohrt					
Sperrholz F20/10 E40/20, $\rho_k \geq 350$ kg/m³		7d	6d	0,231	1,65
Sperrholz F50/25 E70/25 $\rho_k \geq 600$ kg/m³		6d	4d	0,206	
OSB/Spanplatten		7d		5,51	1,5
			6d	5,46	
Plattenwerkstoffe vorgebohrt					
Sperrholz F 25/10 E 40/20 $\rho_k \geq 350$ kg/m³; $d \leq 12$ mm		7d	6d	0,22	1,8
Sperrholz F50/25 E70/25 $\rho_k \geq 600$ kg/m³; $d \leq 12$ mm		6d	4d	0,193	
Sperrholz F 25/10 E 40/20 $\rho_k \geq 350$ kg/m³; $d \leq 24$ mm		7d	6d	0,202	
Sperrholz F50/25 E70/25 $\rho_k \geq 600$ kg/m³; $d \leq 24$ mm		6d	4d	0,179	
OSB/Spanplatten		7d		5,32	1,6
			6d	5,24	

Tabelle 15: Rechenwerte für $f_{u,k}$

Material	$f_{u,k}$ in N/mm²
Stahl S 235	360
Stahl S 275	430
Stahl S 355	510
Bolzen Güte 3.6	300
Bolzen Güte 4.6 und 4.8	400
Bolzen Güte 5.6 und 5.8	500
Bolzen Güte 8.8	800
Nägel	600
Holzschrauben nach DIN 7998	400
Klammern	800

Tabelle 16: Rechenwerte für die charakteristischen Rohdichten

Material	ρ_k in kg/m³
Vollholz C24	350
Laubholz D30	530
BS-Holz GL24h	380
BS-Holz GL24c	350
BS-Holz GL28h	410
BS-Holz GL28c	380
Sperrholz F11.	350
Sperrholz F12.	600

$$t_{req} = T \cdot \sqrt{\frac{f_{u,k}}{\rho_k}} \cdot d^D \cdot \frac{1}{k_{\alpha,1}} \text{ in mm} \quad \text{bzw. bei Platten } T \text{ nach Tabelle 14}$$

für Vollholz, BS-Holz, Sperrholz:

$$R_{1,0,k} = k_L \cdot \sqrt{\rho_k \cdot f_{u,k}} \cdot d^Z \text{ in N}$$

für OSB und Spanplatten:

$$R_{1,0,k} = k_L \cdot \sqrt{f_{u,k}} \cdot d^Z \text{ in N}$$

6.3.1.3 Bemessungswert der Tragfähigkeit

Der Bemessungswert der Tragfähigkeit für einen Stift ergibt sich je Scherfläche zu:

$$\min R_{1,\alpha,n,d} = R_{1,0,k} \cdot k_{\alpha,n} \cdot k_{mod}/\gamma_M$$

mit:

$k_{\alpha,n}$ = Beiwert nach *Tabelle 17*

k_{mod}/γ_M = aus Tabelle 18

$R_{1,\alpha,n,d}$ = Bemessungswert der Tragfähigkeit eines Stiftes für eine Scherfuge unter Berücksichtigung des Winkels zwischen Kraft- und Holzfaserrichtung sowie der Anzahl der Stifte in Faserrichtung hintereinander

Ist $t_{vorh} \leq t_{req}$ dann ist:

$$\text{red}R_{1,d} = R_{1,d} \cdot t_{vorh}/t_{req}$$

mit:

t_{vorh} = tatsächliche Einbindetiefe des Stiftes

Tabelle 17: Beiwerte $k_{\alpha,n}$

Bei $d \leq 6$ mm sowie für Holzwerkstoffe stets $k_{\alpha,n} = 1$			
	Winkel zwischen Kraft- und Faserrichtung	**d ≤ 8 mm**	**8 < d ≤ 24**
1 Stift	$0° \leq \alpha \leq 75°$	1	$1 - \alpha/320$
	$75° < \alpha \leq 90°$		0,76
2 bis 4 Stifte hintereinander	$0° \leq \alpha \leq 90°$	$0{,}72 + \alpha/333$	0,73
Bei Stabdübelkreisen und ähnlichen Anschlüssen darf $k_{\alpha,n} = 0{,}85$ angenommen werden.			

Tabelle 18: Beiwerte k_{mod}/γ_M mit $\gamma_M = 1{,}1$ zur Berechnung von Bemessungswerten durch Multiplikation mit den charakteristischen Werten

	Vollholz, Balkenschichtholz, Brettschichtholz			**OSB**		**Kunstharzgebundene Spanplatten**	
KLED	NKL 1	NKL 2	NKL 3	NKL 1	NKL 2	NKL 1	NKL 2
ständig	0,55	0,55	0,45	0,36	0,27	0,27	0,18
lang	0,64	0,64	0,50	0,45	0,36	0,41	0,27
mittel	0,73	0,73	0,59	0,64	0,50	0,59	0,41
kurz	0,82	0,82	0,64	0,82	0,64	0,77	0,55
sehr kurz	1,00	1,00	0,82	1,00	0,82	1,00	0,73

Wenn t_{vorh} folgende Werte unterschreitet:

- bei Nägeln und Holzschrauben auf der Seite der Spitze $4 \cdot d$,
- bei Klammern auf der Seite der Spitze $8 \cdot d$,

dann darf die nächstliegende Scherfuge nicht in Rechnung gestellt werden!

Weitere Abminderungen/Erhöhungen:

- Erhöhung von $R_{1,k}$ ist bei axial zugfest angeschlossenen Stiften möglich.
- Bei Verstärkung rechtwinklig zur Holzfaserrichtung gegen Spalten sind höhere Tragfähigkeiten möglich.

6.3.1.4 Vereinfachte Anschlussgeometrien für stiftförmige Holzverbindungsmittel

Die dargestellten Regeln liegen „auf der sicheren Seite". Bei Anwendung der genaueren Regeln sind zum Teil geringere Abstände und Holzdicken beziehungsweise Einbindetiefen möglich.

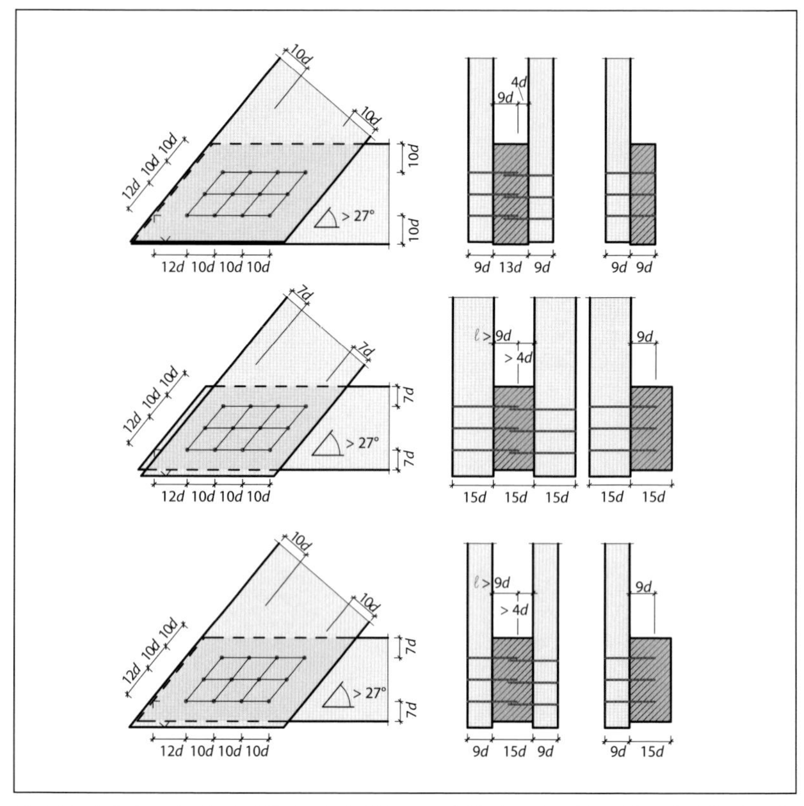

Bild 21: Mindestabstände, Mindestholzdicken und Mindesteinschlagtiefen für Nägel und Holzschrauben mit $d < 5$ mm in nicht vorgebohrtem Nadelholz unabhängig von dem Winkel zwischen Kraft- und Holzfaserrichtung für Winkel zwischen den Hölzern ≤ 27°

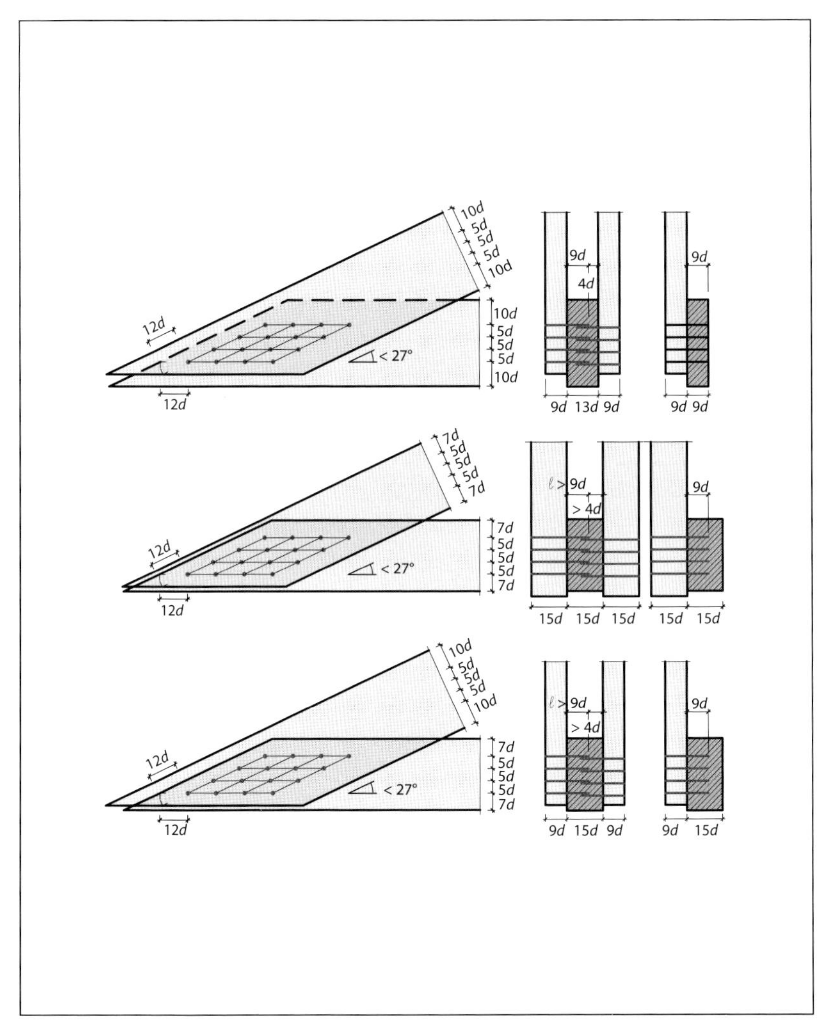

Bild 22: Mindestabstände, Mindestholzdicken und Mindesteinschlagtiefen für Nägel und Holzschrauben mit $d < 5$ mm in nicht vorgebohrtem Nadelholz unabhängig von dem Winkel zwischen Kraft- und Holzfaserrichtung für Winkel zwischen den Hölzern > 27°

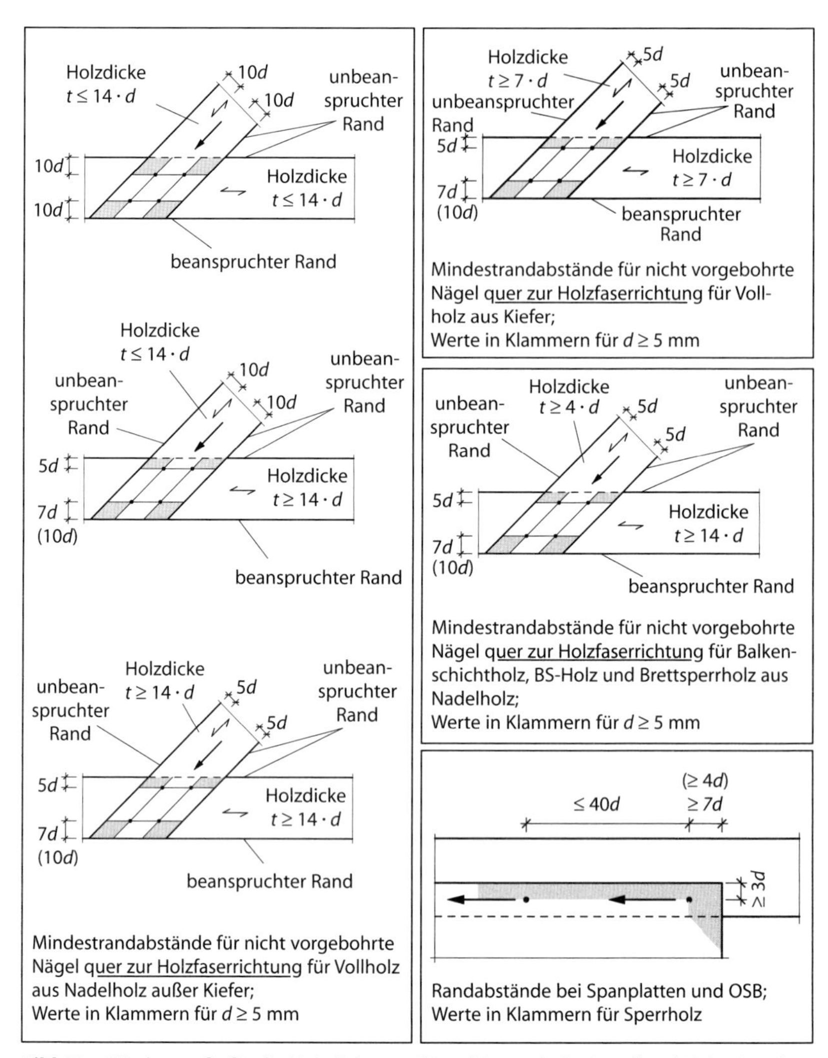

Bild 23: Mindestmaße für die Holzdicken und Randabstände für Nägel und Holzschrauben $d \leq 8$ mm in nicht vorgebohrtem Nadelholz und hölzernen Plattenwerkstoffen

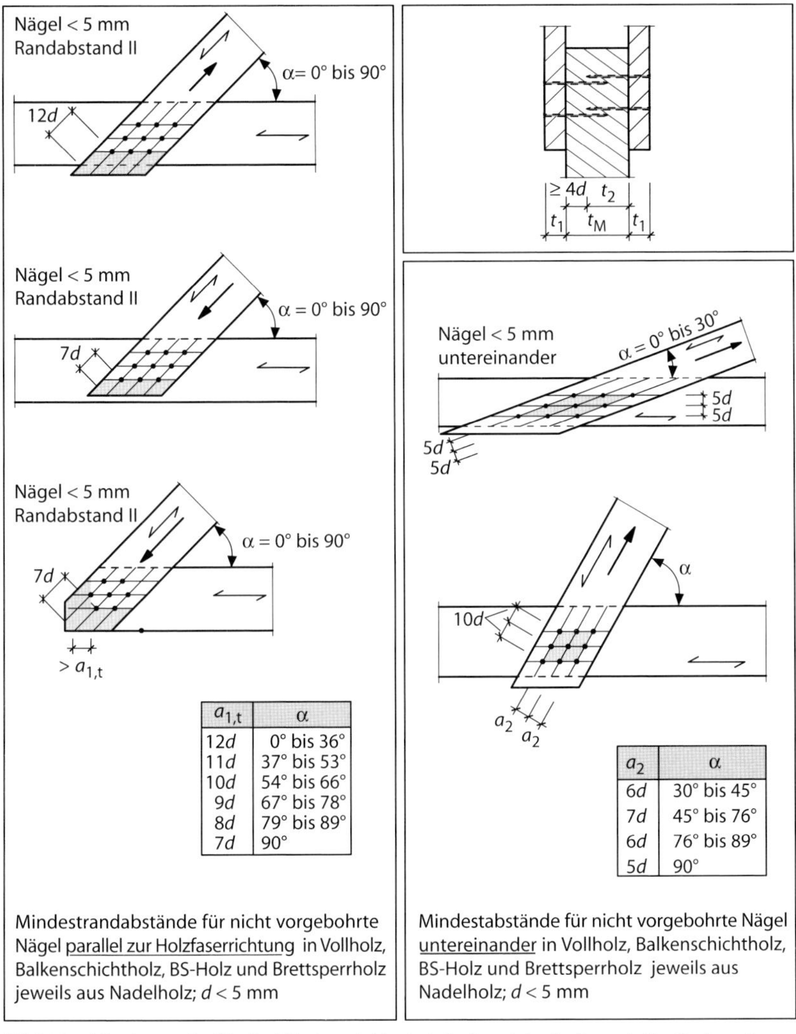

$a_{1,t}$	α
12*d*	0° bis 36°
11*d*	37° bis 53°
10*d*	54° bis 66°
9*d*	67° bis 78°
8*d*	79° bis 89°
7*d*	90°

a_2	α
6*d*	30° bis 45°
7*d*	45° bis 76°
6*d*	76° bis 89°
5*d*	90°

Mindestrandabstände für nicht vorgebohrte Nägel parallel zur Holzfaserrichtung in Vollholz, Balkenschichtholz, BS-Holz und Brettsperrholz jeweils aus Nadelholz; $d < 5$ mm

Mindestabstände für nicht vorgebohrte Nägel untereinander in Vollholz, Balkenschichtholz, BS-Holz und Brettsperrholz jeweils aus Nadelholz; $d < 5$ mm

Bild 24: Mindestmaße für die Mindesteinbindetiefe, Randabstände und Abstände untereinander für Nägel und Holzschrauben $d < 5$ mm in nicht vorgebohrtem Nadelholz

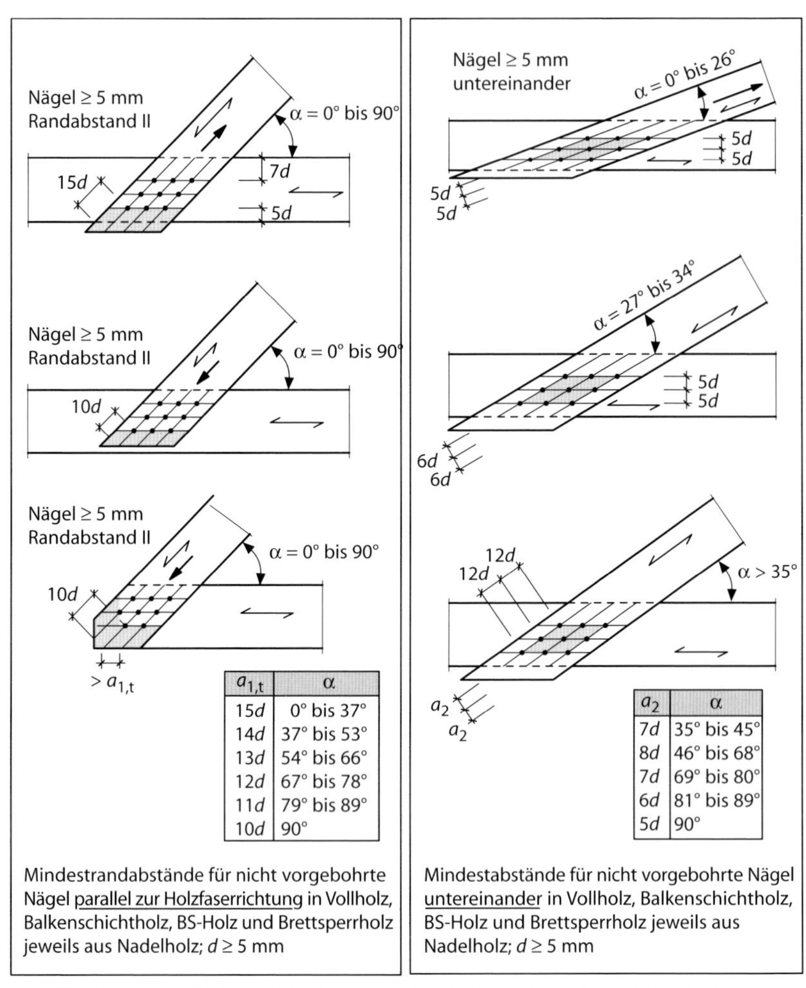

$a_{1,t}$	α
15*d*	0° bis 37°
14*d*	37° bis 53°
13*d*	54° bis 66°
12*d*	67° bis 78°
11*d*	79° bis 89°
10*d*	90°

Mindestrandabstände für nicht vorgebohrte Nägel parallel zur Holzfaserrichtung in Vollholz, Balkenschichtholz, BS-Holz und Brettsperrholz jeweils aus Nadelholz; $d \geq 5$ mm

a_2	α
7*d*	35° bis 45°
8*d*	46° bis 68°
7*d*	69° bis 80°
6*d*	81° bis 89°
5*d*	90°

Mindestabstände für nicht vorgebohrte Nägel untereinander in Vollholz, Balkenschichtholz, BS-Holz und Brettsperrholz jeweils aus Nadelholz; $d \geq 5$ mm

Bild 25: Mindestmaße für die Mindesteinbindetiefe, Randabstände und Abstände untereinander für Nägel und Holzschrauben 5 mm ≤ d ≤ 8 mm in nicht vorgebohrtem Nadelholz

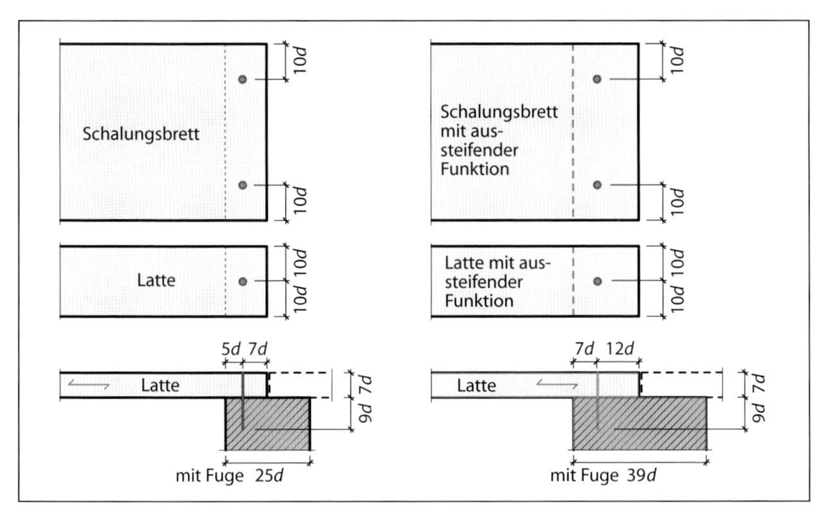

Bild 26: Mindestmaße für den Anschluss von Dachlatten und Deckenschalungen mit Nägeln $d < 5$ mm in nicht vorgebohrtem Holz

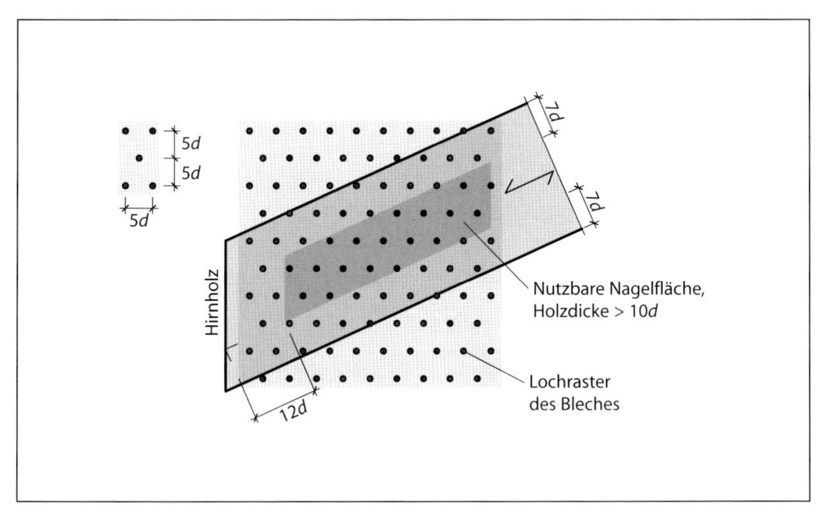

Bild 27: Mindestabstände und Mindestholzdicken bei Anschluss eines Bleches mit Nägeln $d < 5$ mm in nicht vorgebohrten Nagellöchern unabhängig vom Winkel zwischen Kraft- und Holzfaserrichtung

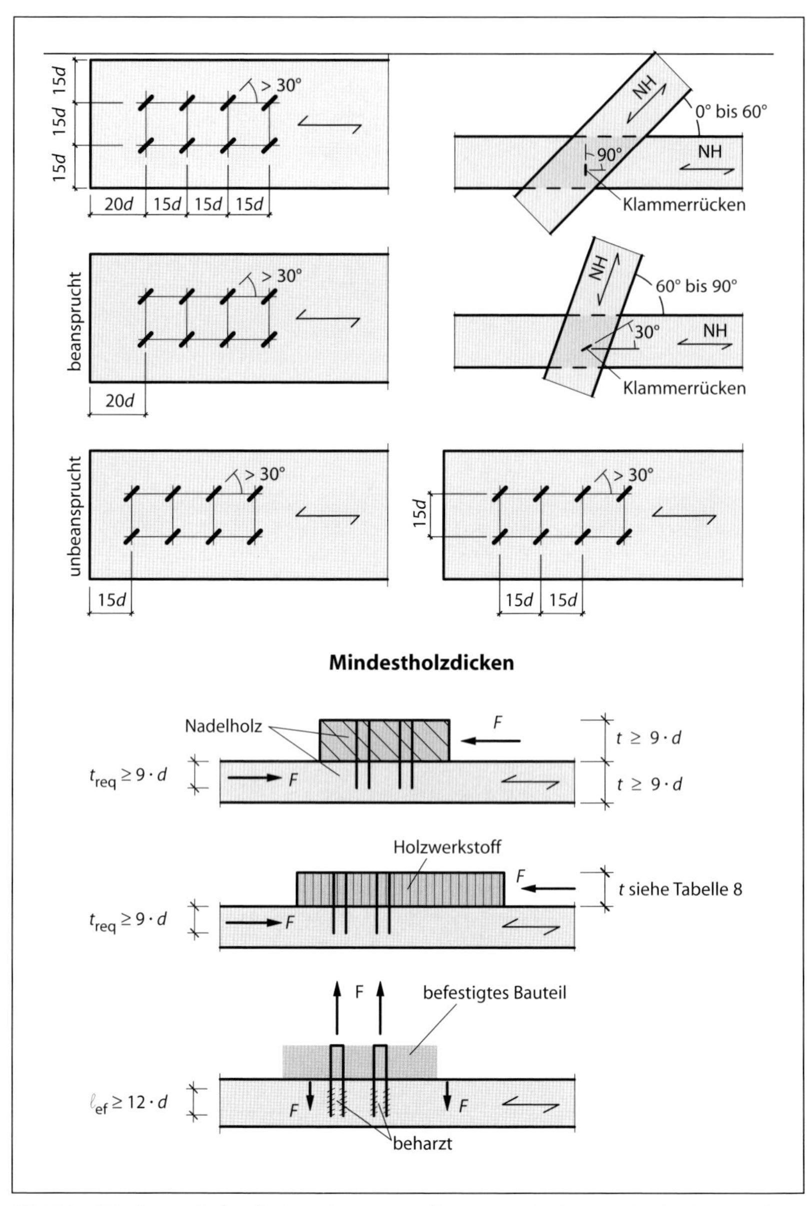

Bild 28: Mindestmaße für die Anordnung von Klammern mit einer Rückenbreite $5{,}8 \cdot d \leq b_{Rücken} \leq 10 \cdot d$ unabhängig von dem Winkel zwischen Kraft- und Holzfaserrichtung.

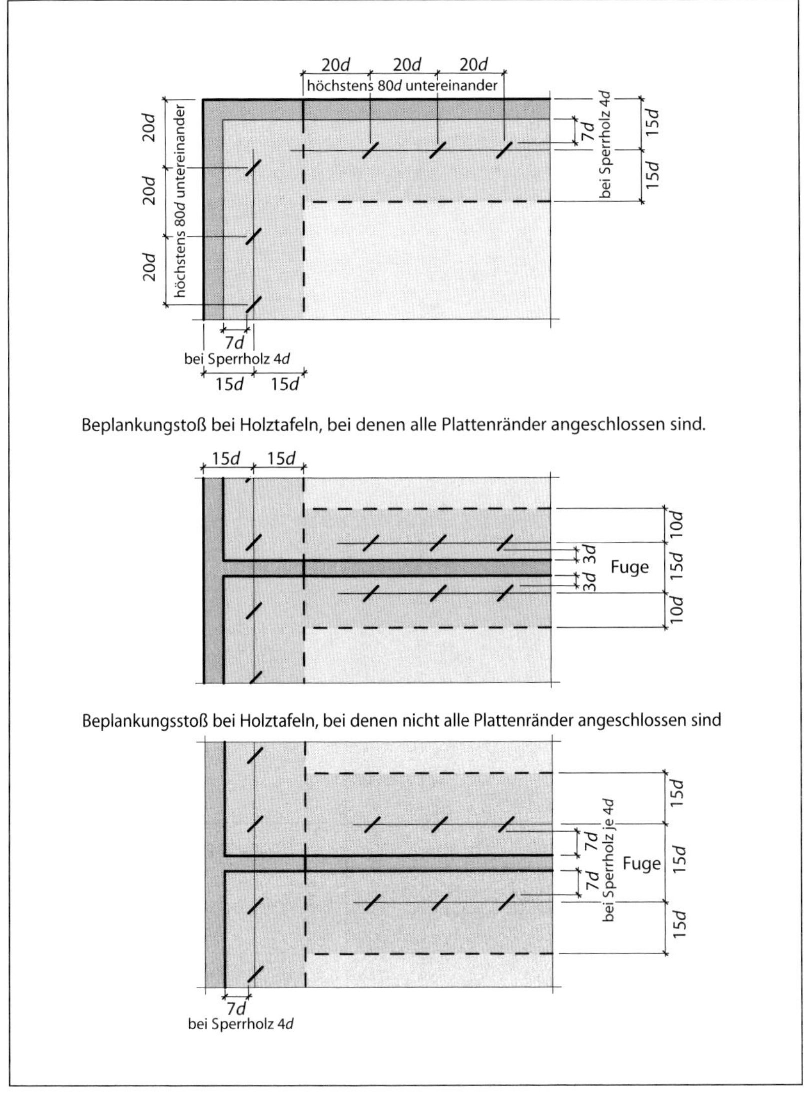

Beplankungstoß bei Holztafeln, bei denen alle Plattenränder angeschlossen sind.

Beplankungsstoß bei Holztafeln, bei denen nicht alle Plattenränder angeschlossen sind

Bild 29: Mindestabstände für die Anordnung von Klammern bei Beplankungen aus Spanplatten, OSB oder Sperrholz von Holztafeln mit Scheibenwirkung, Belastungsrichtung an den Randhölzern beliebig.

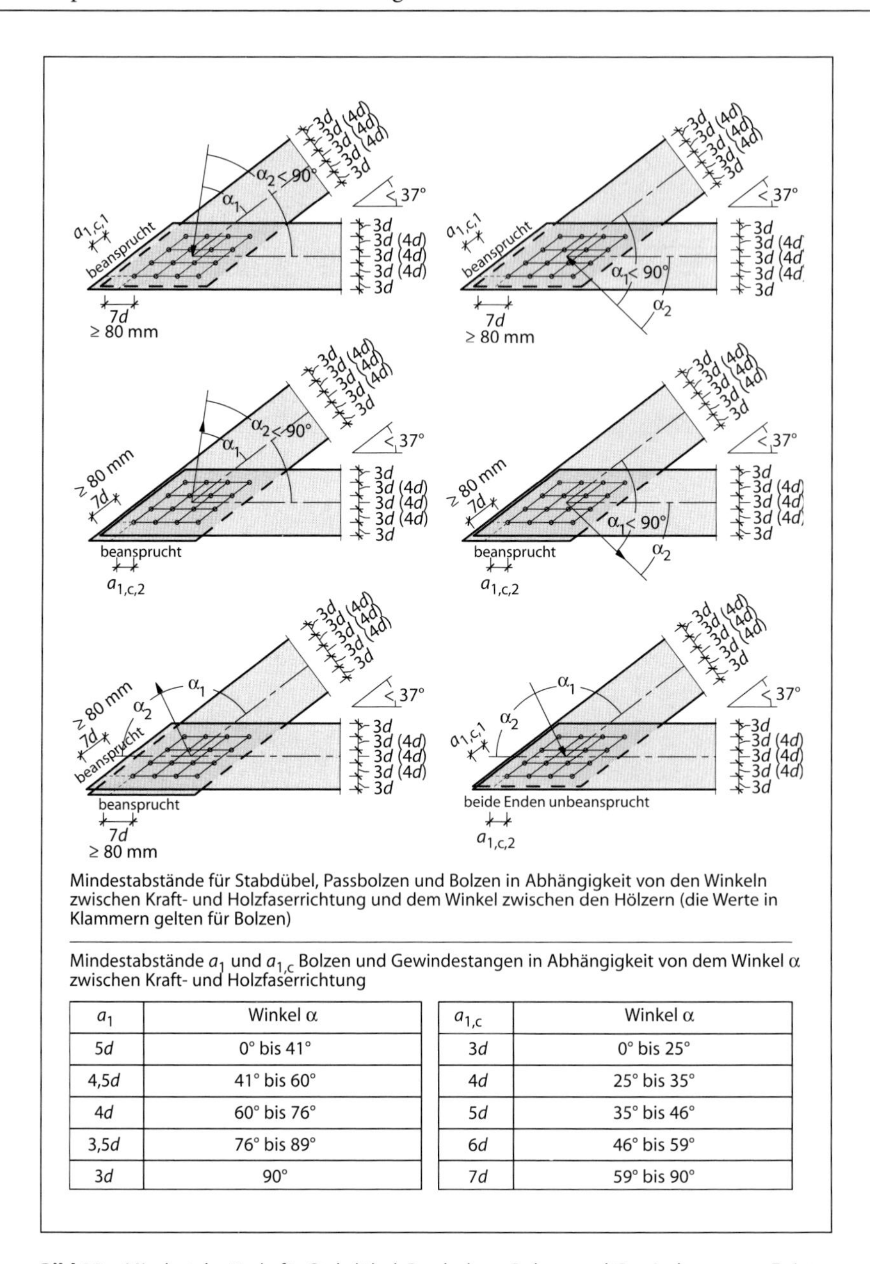

Mindestabstände für Stabdübel, Passbolzen und Bolzen in Abhängigkeit von den Winkeln zwischen Kraft- und Holzfaserrichtung und dem Winkel zwischen den Hölzern (die Werte in Klammern gelten für Bolzen)

Mindestabstände a_1 und $a_{1,c}$ Bolzen und Gewindestangen in Abhängigkeit von dem Winkel α zwischen Kraft- und Holzfaserrichtung

a_1	Winkel α
5*d*	0° bis 41°
4,5*d*	41° bis 60°
4*d*	60° bis 76°
3,5*d*	76° bis 89°
3*d*	90°

$a_{1,c}$	Winkel α
3*d*	0° bis 25°
4*d*	25° bis 35°
5*d*	35° bis 46°
6*d*	46° bis 59°
7*d*	59° bis 90°

Bild 30: Mindestabstände für Stabdübel, Passbolzen, Bolzen und Gewindestangen: Es ist stets für die maßgeblichen Winkel zwischen Kraft- und Holzfaserrichtung zu konstruieren, bei mehreren angreifenden Kraftkomponenten (z. B. Normalkraft und Querkraft) ist für jedes Holz der Winkel zwischen Holzfaserrichtung und der Resultierenden zu berücksichtigen.

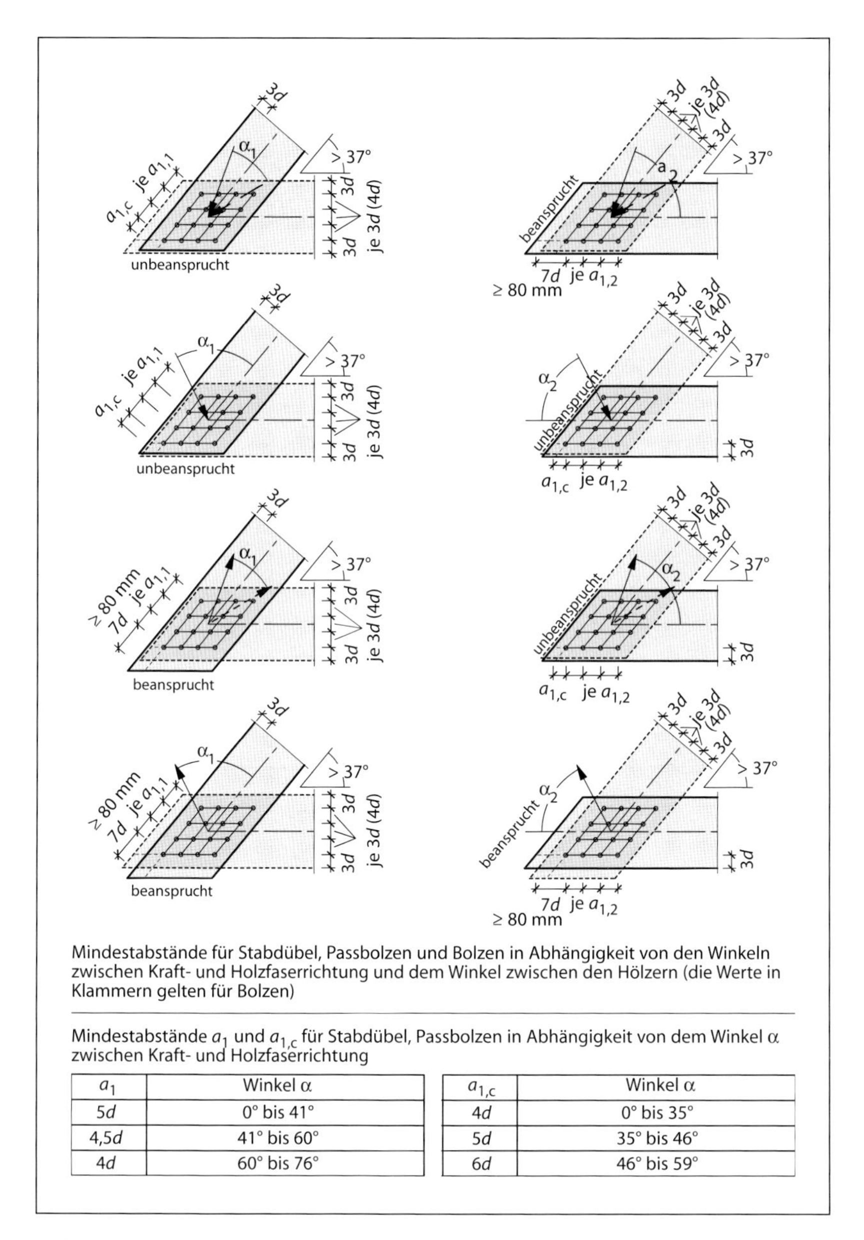

Mindestabstände für Stabdübel, Passbolzen und Bolzen in Abhängigkeit von den Winkeln zwischen Kraft- und Holzfaserrichtung und dem Winkel zwischen den Hölzern (die Werte in Klammern gelten für Bolzen)

Mindestabstände a_1 und $a_{1,c}$ für Stabdübel, Passbolzen in Abhängigkeit von dem Winkel α zwischen Kraft- und Holzfaserrichtung

a_1	Winkel α
5d	0° bis 41°
4,5d	41° bis 60°
4d	60° bis 76°

$a_{1,c}$	Winkel α
4d	0° bis 35°
5d	35° bis 46°
6d	46° bis 59°

Bild 31: Mindestabstände für Stabdübel, Passbolzen, Bolzen und Gewindestangen: Es ist stets für die maßgeblichen Winkel zwischen Kraft- und Holzfaserrichtung zu konstruieren, bei mehreren angreifenden Kraftkomponenten (z. B. Normalkraft und Querkraft) ist für jedes Holz der Winkel zwischen Holzfaserrichtung und der Resultierenden zu berücksichtigen.

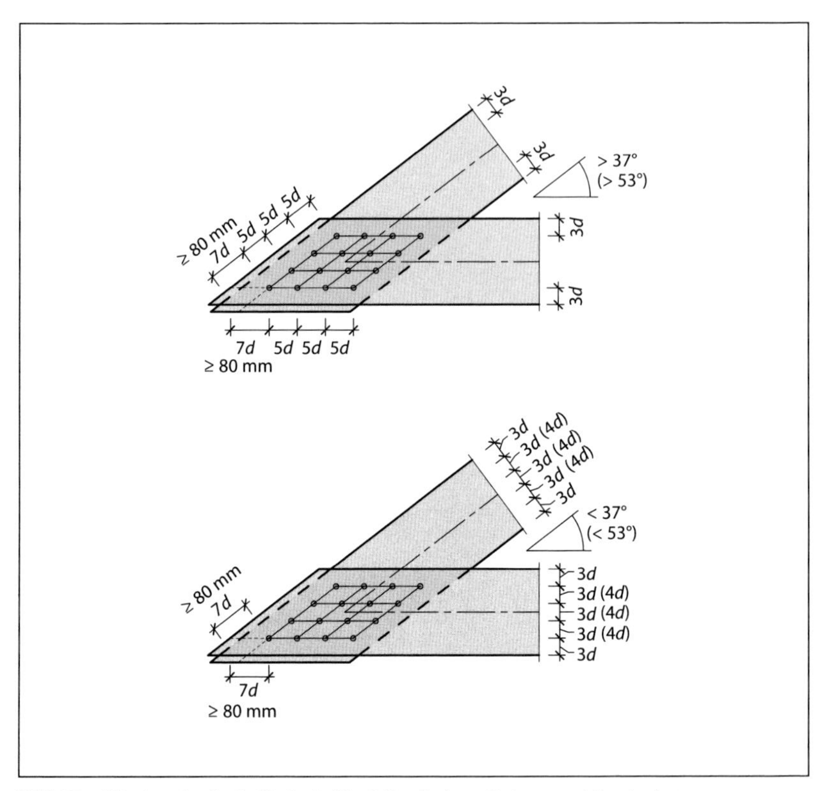

Bild 32: Mindestabstände für Stabdübel, Passbolzen, Bolzen und Gewindestangen unabhängig von dem Winkel zwischen Kraft- und Holzfaserrichtung (Werte in Klammern für Bolzen und Gewindestangen)

6.3.1.5 Nägel, Sondernägel, Klammern und Holzschrauben bei Beanspruchung auf Herausziehen

Nägel, Sondernägel, Klammern und Holzschrauben dürfen auf Herausziehen beansprucht werden, wenn:

- die Mindestabstände nach den *Bildern 21 bis 32* eingehalten sind; bei ausschließlich auf Herausziehen beanspruchten Verbindungsmitteln gelten alle Ränder als nicht beansprucht,
- die Mindesteinschlag- oder Eindrehtiefen auf der Seite der Verbindungsmittelspitze nach *Tabelle 20* eingehalten sind,
- bei aufgebrachten Holzwerkstoffplatten, die Plattendicken nach *Tabelle 13* eingehalten sind,
- die Spitze des Verbindungsmittel in Vollholz, Balkenschichtholz oder Brettschichtholz sitzt und die Stiftachse rechtwinklig zur Faserrichtung des Holzes angeordnet ist, abweichend davon dürfen Holzschrauben, deren Stiftachse in einem Winkel zwischen 90° und 45° zur Holzfaserrichtung angeordnet ist, auf Herausziehen beansprucht werden.

Tabelle 19: Beiwerte für die Berechnung der axialen Tragfähigkeit von Nägeln und Schrauben auf Herausziehen in N/mm² (Holzschrauben nach DIN 7998 = 2A)

		$\rho_k \geq 350$ kg/m³		$\rho_k \geq 380$ kg/m³		$\rho_k \geq 400$ kg/m³	
Typ		$f^*_{1,ax,k}$	$f^*_{2,ax,k}$	$f^*_{1,ax,k}$	$f^*_{2,ax,k}$	$f^*_{1,ax,k}$	$f^*_{2,ax,k}$
glattschaftig		2,2		2,6		2,9	
Tragfähigkeitsklasse							
Nägel	1	3,6		4,3		4,8	
	2	4,9		5,7		6,4	
	3	6,1		7,2		8,0	
Holzschrauben	1	7,3		8,6		9,6	
	2	8,5		10,1		11,2	
	3	9,8		11,5		12,8	
Nägel (glattschaftig = A) und Holzschrauben	A		7,3		8,6		9,6
	B		9,8		11,5		12,8
	C		12,2		14,4		16,0
Für alle Holzwerkstoffplatten mit $t \geq 12$ mm darf $f^*_{2,ax,k} = 8{,}0$ N/mm² angenommen werden.							

Tabelle 20: Mindesteinbindetiefe und höchst zulässig ansetzbare Einbindetiefe bei auf Herausziehen beanspruchten, stiftförmigen Verbindungsmitteln; bei Klammern stets auch höchstens Länge des beharzten Schaftteiles

Verbindungsmittel	$\ell_{ef} = t \geq$	**stets:** $\ell_{ef} \leq$
glattschaftige Nägel, Sondernägel Tragfähigkeitsklasse 1	12*d*	20*d*
Sondernägel Tragfähigkeitsklassen 2 und 3, Holzschrauben	8*d*	
Klammern	12*d*	

Die **Bemessungswerte der Tragfähigkeit auf Herausziehen bei rechtwinklig zur Holzfaserrichtung angeordneten Stiften** ergeben sich zu:

$R_{ax,k} \leq f^{*}_{1,ax,k} \cdot d \cdot \ell_{ef}$ in N mit d und ℓ_{ef} in mm
und zugleich
$R_{ax,k} \leq f^{*}_{2,ax,k} \cdot d_K^2$ in N mit d_K in mm
mit
$f^{*}_{1,ax,k}, f^{*}_{2,ax,k}$ = Beiwerte nach *Tabelle 19*
ℓ_{ef} = wirksame Einbindelänge in mm; Grenzwerte siehe *Tabelle 20*
d_K = Kopfdurchmesser in mm, ggf. einschließlich Unterlegscheibe
$R_{ax,k}$ = charakteristische Tragfähigkeit gegen Herausziehen
der Bemessungswert der Tragfähigkeit ist:

$$R_{ax,d} = R_{ax,k} \cdot \frac{k_{mod}}{\gamma_M}$$

mit:

$\frac{k_{mod}}{\gamma_M}$ = Beiwert nach *Tabelle 6* (Holzversagen)

$R_{ax,d}$ = Bemessungswert der Tragfähigkeit gegen Herausziehen

bei Holzschrauben muss zusätzlich erfüllt sein:

$$R_{ax,d} \leq \frac{190 \cdot d_k^2}{1,25} \text{ in N mit } d \text{ in mm}$$

mit:
d_k = Kerndurchmesser der Schraube

bei Holzschrauben, deren Schaft zwischen 89° und 45° zur Holzfaserrichtung angeordnet ist, darf angesetzt werden:
$R_{ax,\alpha,d} = R_{ax,d} \cdot 0,85$

6.3.1.6 Beanspruchung von Passbolzen auf Herausziehen

Um Passbolzen auf Herausziehen (Zug axial in der Stiftachse) beanspruchen zu dürfen, müssen sie auf der Kopf- und Mutterseite mit Unterlegscheiben versehen werden. Die aufnehmbare Zugkraft ergibt sich aus der Tragfähigkeit des Holzes gegenüber Druck quer zur Holzfaserrichtung durch die Unterlegscheiben. Die wirksame Fläche im Holz darf entsprechend den Regeln nach 6.1.6 in Holzfaserrichtung gegebenenfalls größer als die Unterlegscheibe angenommen werden. Zusätzlich zu der Einhaltung des Bemessungswertes der Spannung quer zur Holzfaserrichtung ist die Einhaltung des Bemessungswertes der Tragfähigkeit des Passbolzens nach DIN 18800 nachzuweisen.

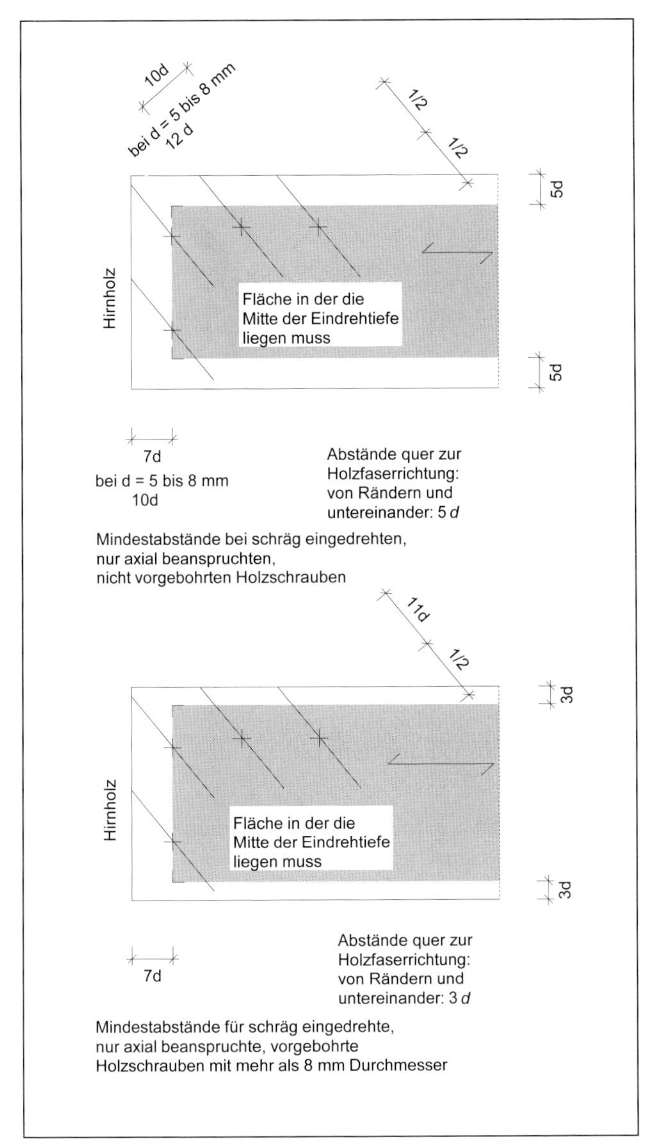

Bild 33: Mindestabstände für nicht rechtwinklig zur Holzfaserrichtung eingedrehte Holzschrauben nach den Empfehlungen in [1]

6.3.1.7 Erhöhung der Tragfähigkeit von auf Abscheren beanspruchten Sondernägeln, Holzschrauben und Passbolzen durch Widerstand gegen Herausziehen (Einhängeeffekt)

Bei Anschlüssen von Blechen oder Holzwerkstoffplatten, die mit Sondernägeln der Tragfähigkeitsklasse 3 aufgenagelt sind, darf $R_{1,d}$ nach Abschnitt 6.3.1.3, Seite 57, um ΔR_d erhöht werden, der Bemessungswert beträgt:

$$\Delta R_d = \min \{0{,}5 \cdot R_d; 0{,}25 \cdot R_{ax,d}\}$$

Bei einschnittigen Verbindungen mit Holzschrauben darf $R_{1,d}$ nach Abschnitt 6.3.1.3, Seite 57, um ΔR_d erhöht werden, der Bemessungswert beträgt:

$$\Delta R_d = \min \{R_d; 0{,}25 \cdot R_{ax,d}\}$$

Bei Verbindungen mit Passbolzen darf $R_{1,d}$ nach Abschnitt 6.3.1.3, Seite 57, um ΔR_d erhöht werden, der Bemessungswert beträgt:

$$\Delta R_d = \min \{0{,}25 \cdot R_d; 0{,}25 \cdot R_{ax,d}\}$$

jeweils mit:

R_d = Bemessungswert der Tragfähigkeit des Verbindungsmittels auf Abscheren für eine Scherfuge

$R_{ax,d}$ = Bemessungswert der Tragfähigkeit des Verbindungsmittels gegen Herausziehen

ΔR_d = Bemessungswert der Tragfähigkeit, um die R_d erhöht werden darf

6.3.1.8 Kombinierte Beanspruchung von Nägeln, Klammern und Holzschrauben

Bei Nägeln, Klammern und Holzschrauben, die auf Abscheren und Herausziehen beansprucht werden, müssen eingehalten sein:

bei glattschaftigen Nägeln, Nägeln Tragfähigkeitsklasse 1 und Klammern:

$$\frac{F_{ax,d}}{R_{ax,d}} + \frac{F_{l\alpha,d}}{R_{l\alpha,d}} \leq 1$$

bei Sondernägeln ab Tragfähigkeitsklasse 2 und bei Holzschrauben:

$$\left(\frac{F_{ax,d}}{R_{ax,d}}\right)^2 + \left(\frac{F_{l\alpha,d}}{R_{l\alpha,d}}\right)^2 \leq 1$$

bei Koppelungen von Koppelpfetten mit glattschaftigen Nägeln:

$$\left(\frac{F_{ax,d}}{R_{ax,d}}\right)^{1,5} + \left(\frac{F_{l\alpha,d}}{R_{l\alpha,d}}\right)^{1,5}$$

mit:

$F_{ax,d}$ = Bemessungswert Zugkraft auf Herausziehen je Verbindungsmittel

$R_{ax,d}$ = Bemessungswert Tragfähigkeit auf Herausziehen je Verbindungsmittel

$F_{l\alpha,d}$ = Bemessungswert Abscherkraft in der maßgeblichen Scherfuge je Verbindungsmittel

$R_{l\alpha,d}$ = Bemessungswert Tragfähigkeit auf Abscheren je Verbindungsmittel

6.3.2 Auf Abscheren beanspruchte Verbindungen mit Dübeln besonderer Bauart

Tabelle 21: Kenngrößen von Dübeln besonderer Bauart

				Anschluss an Holzseitenflächen				Hirnholzanschluss		
Typ	**Durchmesser d_c**	**Einlasstiefe h_e**	**Dübelfehlfläche ΔA*)**	**Bolzen-ø**		**Mindestholzdicken**		**Mindestbreite**	**Mindestabstände**	
	mm	**mm**	**cm²**	**mm**		**mm**		**mm**	**mm**	
				beidseitig	einseitig	Seitenholz	Mittelholz	b_H	$a_{2,c}$	a_2
A1, B1 (A1 = Appel beidseitig; B1 = Appel einseitig)	65	15	9,8	12–24	12	45	75	110	55	80
	80	15	12	12–24	12	45	75	130	65	95
	95	15	14,3	12–24	12	45	75	150	75	110
	128	22,5	28,8	12–24	12	68	111	200	100	145
	160	22,5	36	16–24	16	68	111			
	190	22,5	42,8	16–24	16	68	111			
C1, C2 (Bulldog: 1 = beidseitig; 2 = einseitig)	50	6/5,6	1,7	10–16	10–20	18	30	100	55	55
	62	7,4/7,5	3	10–20	12–20	23	38	115	60	70
	75	9,1/9,2	4,2	10–24	12–24	28	46	125	70	90
	95	11,3/11,4	6,7	10–30	16–24	35	57	140	85	110
	117	14,3/14,5	10	10–30	16–24	44	73	170	85	130
C1	140	14,7	12,4	10–30		45	74	200	100	155
	165	15,6	14,9	10–30		48	78			
C10 (Geka beidseitig)	50	12	4,6	10–30		36	60	100	50	65
	65	12	5,9	10–30		36	60	115	60	85
	80	12	7,5	10–30		36	60	130	65	100
	95	12	9	10–30		36	60	150	75	115
	115	12	10,4	10–30		36	60	170	85	130
C11 (Geka einseitig)	50	12	5,4		12	36	60			
	65	12	7,1		16	36	60			
	80	12	8,7		20	36	60			
	95	12	10,7		24	36	60			
	115	12	12,4		24	36	60			

*) Bolzen sind zusätzlich zu berücksichtigen

Sind die Bedingungen für die Anordnung der Verbindungsmittel in einer Verbindungseinheit, bestehend aus Dübeln und Bolzen in *Bild 32* sowie in der *Tabelle 21* eingehalten, so ergeben sich folgende Bemessungswerte der Tragfähigkeiten für eine Scherfuge:

- für **Dübel der Typen A1 und B1 (Appel)** nach *Tabelle 21*

$$R_{1,k} = 35 \cdot d_c^{1,5} \cdot \left(1 - \frac{\alpha}{230}\right) \cdot \eta \text{ in N, wenn } h_e \geq 1{,}11 \cdot \sqrt{d_c}$$

(bei allen Dübeln nach *Tabelle 21* gegeben)

mit:
d_c = Dübeldurchmesser in mm
α = Winkel zwischen Kraft- und Holzfaserrichtung
h_e = Einlasstiefe in mm
η = Beiwert für Anzahl der Dübel in Faserrichtung hintereinander nach *Tabelle 22*
$R_{1,k}$ = charakteristische Tragfähigkeit auf Abscheren für eine Scherfläche

- für **Dübel der Typen C1 und C2 (Bulldog)** nach *Tabelle 21*

$$R_{1,k} = (18 \cdot d_c^{1,5} + R_{b,\alpha,k}) \cdot \left(1 - \frac{\alpha}{230}\right) \cdot \eta \text{ in N}$$

mit:
d_c = Dübeldurchmesser in mm
$R_{b,\alpha,k}$ = charakteristische Tragfähigkeit des Bolzens bei Kraftrichtung im Winkel α zur Holzfaserrichtung (siehe 6.3.1.3, Seite 57); die Tragfähigkeit des Bolzens entspricht der eines Passbolzens
$R_{1,k}$ = charakteristische Tragfähigkeit auf Abscheren für eine Scherfläche

- für **Dübel der Typen C10 und C11 (Geka)** nach *Tabelle 21*

$$R_{1,k} = (25 \cdot d_c^{1,5} + R_{b,\alpha,k}) \cdot \left(1 - \frac{\alpha}{230}\right) \cdot \eta \text{ in N}$$

mit:
d_c = Dübeldurchmesser in mm
$R_{b,\alpha,k}$ = charakteristische Tragfähigkeit des Bolzens bei Kraftrichtung im Winkel α zur Holzfaserrichtung (siehe 6.3.1.3, Seite 57); die Tragfähigkeit des Bolzens entspricht der eines Passbolzens
$R_{1,k}$ = charakteristische Tragfähigkeit auf Abscheren für eine Scherfläche

Tabelle 22: Beiwert η zur Berücksichtigung mehrerer Dübel in Faserrichtung hintereinander

Anzahl *n*	***η***
1	1,00
2	1,00
3	0,95
4	0,90

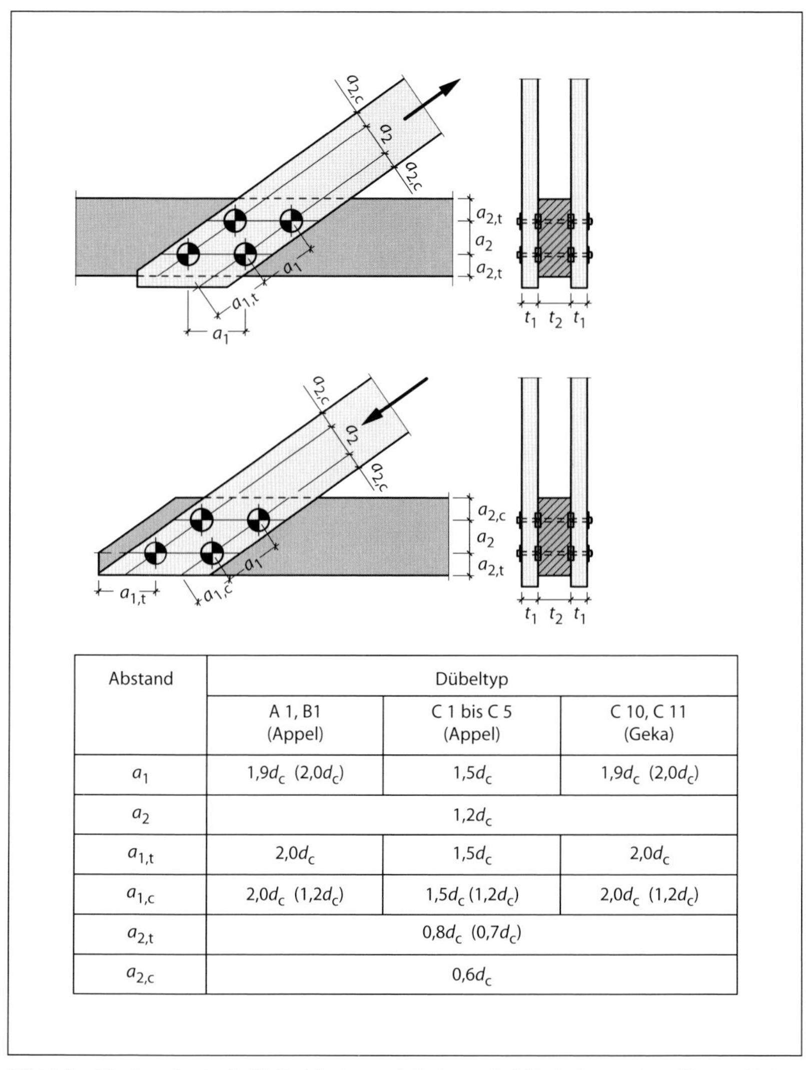

Abstand	Dübeltyp		
	A 1, B1 (Appel)	C 1 bis C 5 (Appel)	C 10, C 11 (Geka)
a_1	$1{,}9d_c$ $(2{,}0d_c)$	$1{,}5d_c$	$1{,}9d_c$ $(2{,}0d_c)$
a_2	$1{,}2d_c$		
$a_{1,t}$	$2{,}0d_c$	$1{,}5d_c$	$2{,}0d_c$
$a_{1,c}$	$2{,}0d_c$ $(1{,}2d_c)$	$1{,}5d_c$ $(1{,}2d_c)$	$2{,}0d_c$ $(1{,}2d_c)$
$a_{2,t}$	$0{,}8d_c$ $(0{,}7d_c)$		
$a_{2,c}$	$0{,}6d_c$		

Bild 34: Mindestabstände für Verbindungseinheiten mit Dübeln besonderer Bauart: Es ist stets für die maßgeblichen Winkel zwischen Kraft- und Holzfaserrichtung zu konstruieren, bei mehreren angreifenden Kraftkomponenten (z. B. Normalkraft und Querkraft) ist für jedes Holz der Winkel zwischen Holzfaserrichtung und der Resultierenden zu berücksichtigen.

Die **Bemessungswerte der Tragfähigkeit je Scherfuge** ergeben sich zu:

$$R_{l,d} = R_{l,k} \cdot \frac{k_{mod}}{\gamma_M}$$

mit:

$\frac{k_{mod}}{\gamma_M}$ = Beiwert aus *Tabelle 6* (Holzversagen)

6.3.3 Verbindungen mit Dübeln besonderer Bauart in Hirnholzflächen

Sind die Bedingungen für die Anordnung der Verbindungsmittel in einer Verbindungseinheit, bestehend aus Dübeln und Bolzen in *Bild 35* sowie in der *Tabelle 21* eingehalten, so ergeben sich folgende Bemessungswerte für die Tragfähigkeit einer Verbindungseinheit:

- für **Dübel der Typen A1 (Appel)** nach *Tabelle 21*
  bei einem oder zwei Dübeln hintereinander:
  $R_{c,H,k} = 0{,}45 \cdot R_{c,0,k}$
  bei drei bis fünf Dübeln hintereinander:
  $R_{c,H,k} = 0{,}56 \cdot R_{c,0,k}$

  mit:
  $R_{c,0,k}$ = charakteristischer Wert der Tragfähigkeit für eine Verbindungseinheit
  $R_{c,H,k}$ = charakteristischer Wert der Tragfähigkeit für eine Verbindungseinheit beim Hirnholzanschluss

- für **Dübel der Typen C1 (Bulldog) und C10 (Geka)** nach *Tabelle 21*
  $R_{c,H,k} = 14 \cdot d_c^{1,5} + 0{,}8 \cdot R_{b,90,k}$ in N

  mit:
  d_c = Dübeldurchmesser in mm
  $R_{b,90,k}$ = charakteristische Tragfähigkeit des Bolzens bei Kraftrichtung rechtwinklig zur Holzfaserrichtung (siehe vor); die Tragfähigkeit des Bolzens entspricht der eines Passbolzens
  $R_{c,H,k}$ = charakteristischer Wert der Tragfähigkeit einer Verbindungseinheit beim Hirnholzschluss

Die Bemessungswerte der Tragfähigkeiten ergeben sich zu:

$$R_{c,H,d} = n_c \cdot R_{c,H,k} \cdot \frac{k_{mod}}{\gamma_M}$$

mit:
$n_c \leq 5$; n_c = Anzahl der Verbindungseinheiten an einem Anschluss
$\frac{k_{mod}}{\gamma_M}$ = Beiwert nach *Tabelle 6* (Holzversagen)
$R_{c,H,d}$ = Bemessungswert des gesamten Hirnholzanschlusses

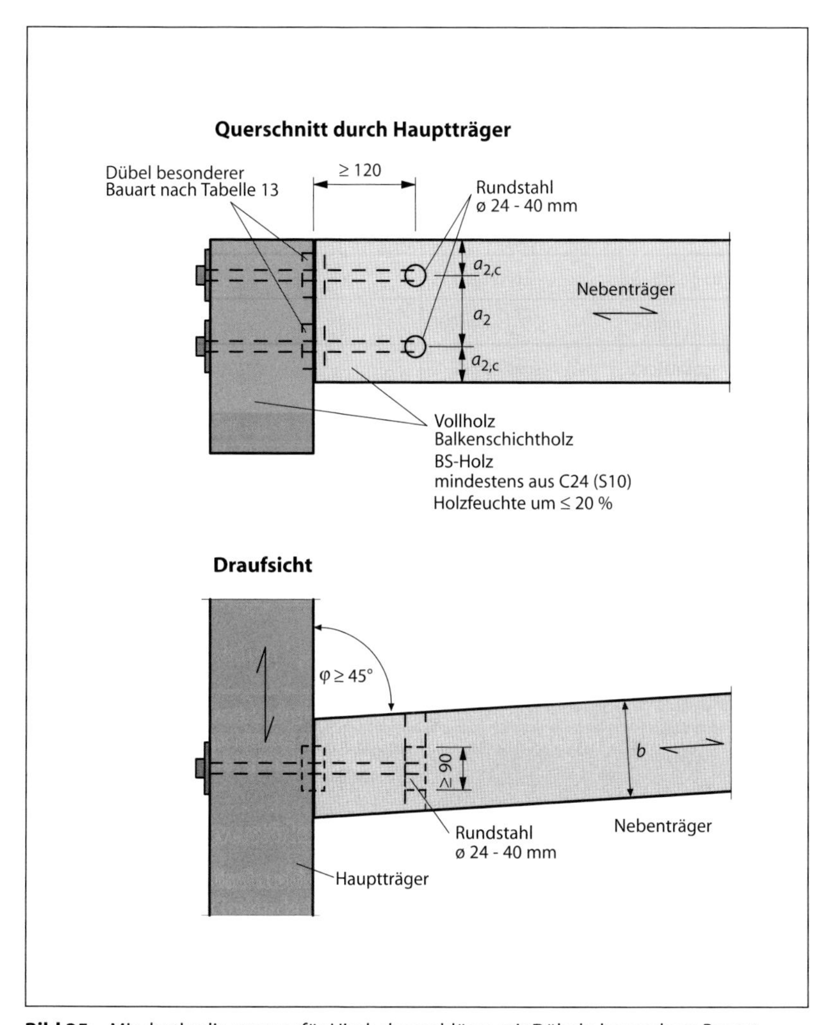

Bild 35: Mindestbedingungen für Hirnholzanschlüsse mit Dübeln besonderer Bauart, Abstände a_2, $a_{2,c}$

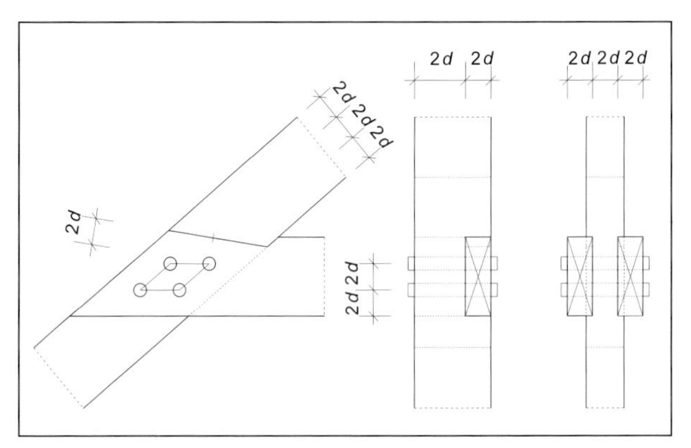

Bild 36: Mindestbedingungen für Verbindungen mit Holznägeln

6.3.4 Auf Abscheren beanspruchte Verbindungen mit Holznägeln

Holznägel aus Eichenholz mit konstantem Querschnitt (rund, achteckig) von 20 bis 30 mm Durchmesser dürfen bei ein- oder zweischnittigen Holzverbindungen in Hölzern mit einer Rohdichte $\rho_k \geq 350$ kg/m^3 und mit einer Mindestdicke vom zweifachen Nageldurchmesser verwandt werden. Bei Einhaltung der Bedingungen nach *Bild 34* beträgt der Bemessungswert der Tragfähigkeit unabhängig von der Holzfaser- und Kraftrichtung:

$$R_d = 9{,}5 \cdot d^2 \cdot \frac{\gamma_M}{k_{mod}} \text{ in N}$$

mit:

d = Durchmesser in mm

$\frac{\gamma_M}{k_{mod}}$ = Beiwert nach *Tabelle 6* (Holzversagen)

R_d = Bemessungswert der Tragfähigkeit für eine Scherfuge

7 Verformungen

7.0 Grundsätzliches

Verformungen dürfen unter Annahme linear-elastischen Verhaltens der Baustoffe und der mechanischen Verbindungen berechnet werden. Die Verformungen von Verbindungsteilen wie Knotenplatten und Ähnlichem brauchen dabei nicht berücksichtigt zu werden.

Im Rahmen dieses Werkes (keine kippgefährdeten Stäbe, nur Bauteile, die nach Theorie I. Ordnung berechnet werden dürfen) dürfen in statischen Systemen folgende Anschlüsse als frei drehbare Gelenke betrachtet werden:

- Anschlüsse von Stäben für Normal- oder Querkraft mit mechanischen Holzverbindungen bei geringer Verdrehsteifigkeit des Anschlusses,
- Knoten von nur aus Dreiecken gebildeten Fachwerken mit durchlaufenden Gurten, wenn die Systemhöhe an der Stelle des für das Fachwerksystem größten Biegemomentes größer ist als 15 % der Stützweite, zugleich die Gurthöhe kleiner ist als $^1/_7$ dieser Systemhöhe und kein Füllstab zwischen den Gurten in einem Winkel von weniger als 15° an diese anschließt.

Bei statisch bestimmten Systemen dürfen Schnittgrößen, die sich aus Systemverformungen infolge von Vorverformungen und aus lastbedingten Verformungen ergeben, nur vernachlässigt werden, wenn es sich nicht um Bauteile handelt, die andere Bauteile daran hindern auszuknicken (Stabilität) oder umzufallen (Lagesicherheit).

Bei statisch unbestimmten Systemen dürfen Auflagerverschiebungen (Stützensenkung, elastische Bettung) vernachlässigt werden, wenn die sich daraus ergebenden Schnittgrößenumlagerungen unwesentlich sind (Richtgröße: weniger als 10 % der maßgeblichen Schnittgrößen).

7.1 Zulässige material- und herstellungsbedingte Imperfektionen

Stäbe dürfen zwischen zwei Festpunkten im Abstand a (Auflagern, Fachwerkknoten, Abstützungen durch Verbände u. Ä.) im spannungslosen (unbelasteten) Zustand höchstens eine Vorkrümmung aufweisen von:

- bei Vollholz und Balkenschichtholz (Duo-/Triobalken): $a/300$
- bei Brettschichtholz: $a/500$

7.2 Verformungen, die beim Nachweis der Tragsicherheit zu berücksichtigen sind

Die Systemansätze sind unter Berücksichtigung der Vorverformung und der Verformungen im belasteten Zustand festzulegen, wenn – wie im Rahmen dieses Werkes grundsätzlich – nach Theorie I. Ordnung bemessen wird. *(Hinweis: Häufig ist es einfacher mit idealisiert perfektem System zu rechnen und die Imperfektionen durch Ersatzlasten zu berücksichtigen.)*

Statisch unbestimmte Systeme sind unter Berücksichtigung etwaig zu erwartender oder planmäßig aufgebrachter Zwängungen zu berechnen.

Hinweise:

Bei Fachwerken mit durchlaufenden Gurten, für die gerade Hölzer verwendet werden und bei denen die Überhöhung bei der Herstellung aufgezwängt wird, liefert die Berechnung ohne diese Zwängung gefährlich falsche Ergebnisse, insbesondere bei den Enddiagonalen. Bei über Binder gekoppelten, eingespannten Stützen sind wirklichkeitsnah zu erwartende Unterschiede zwischen den Herstellungsgenauigkeiten der einzelnen Stützen sowie deren Verhalten im belasteten Zustand (elastische Bettung) zu berücksichtigen.

Bei Wänden in Holztafelbauart ist eine Schrägstellung von $h/70$ der von den betrachteten Wandscheiben horizontal unverschieblich gehaltenen vertikalen Bauteile durch Ersatzlasten rechnerisch zu berücksichtigen.

7.3 Verformungsnachweise bezüglich der Tragsicherheit

Bei Verformungsnachweisen bezüglich der Tragsicherheit sind die Bemessungswerte der Einwirkungen und Rechenwerte der mittleren Elastizitätseigenschaften dividiert durch den Teilsicherheitsbeiwert γ_M anzusetzen:

$E = E_{mean}/\gamma_M$

$G = G_{mean}/\gamma_M$

$K = {}^2/_3 \cdot K_{ser}/\gamma_M$

mit:

E = Elastizitäts-Modul Grenzzustand der Tragsicherheit

E_{mean} = mittlerer E-Modul nach *Tabelle 29*

G = Schubmodul im Grenzzustand der Tragsicherheit

G_{mean} = mittlerer G-Modul nach *Tabelle 29*

K = Verschiebungsmodul im Grenzzustand der Tragsicherheit

K_{ser} = Verschiebungsmodul im Gebrauchszustand nach *Tabelle 30*

γ_M = Teilsicherheitsbeiwert des Materials; hier: $\gamma_M = 1{,}3$

Für die Tragsicherheit relevante Verformungen dürfen im Rahmen dieses Werkes ohne Berücksichtigung des Kriechens ermittelt werden.

Festhaltungen, die druckbeanspruchte Stäbe an deren Enden unverschieblich halten, dürfen höchstens Verschiebungen annehmen, die nicht größer sind als die für die Schnittgrößenermittlung angenommenen (z. B. angesetzte Schrägstellungen).

Festhaltungen, die zwischen den Enden eines druckbeanspruchten Stabes oder in der Druckzone eines Stabes liegen, und der Unterteilung der Knicklänge dienen, dürfen sich rechtwinklig zur Stabachse zwischen gedrücktem Stab oder Stabteil und der gegenüberliegenden Lagerung der Abstützung (Verband, Scheibe u. Ä.) um nicht mehr als w_{stab} verformen. Diese Begrenzung der Verformung betrifft nur die Abstützung und darf unabhängig von der Verformung der Lagerung der Abstützung betrachtet werden (d. h., die Verformung eines Verbandes o. Ä. geht nicht in diese Betrachtung ein).

bei Vollholz und Balkenschichtholz

$$w_{stab} \leq \frac{N_d \cdot a^3}{1974 \cdot E_{0,mean} \cdot I}$$

bei Brettschichtholz

$$w_{stab} \leq \frac{N_d \cdot a^3}{3158 \cdot E_{0,mean} \cdot I}$$

mit:

N_d = mittlere Bemessungsdruckkraft in dem zu stabilisierenden Druckstab nach 3.2.3, Seite 16

a = Abstand der Abstützungen

I = Flächenträgheitsmoment des Druckstabes, welches in Ausweichrichtung wirksam ist

w_{stab} = höchst zulässige Längenänderung der Abstützung

Gabellagerungen von Biegeträgern müssen mindestens ein Verdrehmoment aufnehmen können von:

$$M_{tor,d} = V_{z,d} \cdot \ell/320$$

mit:

$V_{z,d}$ = Bemessungswert der Auflagerkraft des Biegeträgers

ℓ = Länge zwischen den Auflagern des Biegeträgers, bei Durchlaufträgern die Summe der Längen zwischen dem betrachteten Auflager und den angrenzenden Auflagern

Dieses Verdrehmoment ergibt sich aus der Vorkrümmung des Biegeträgers und gegebenenfalls zugleich der höchst zulässigen Durchbiegung des stabilisierenden Verbandes/der Scheibe.

Die rechnerische Durchbiegung von Aussteifungskonstruktionen, die Druckstäbe oder Druckzonen von Biegeträgern stabilisieren (Unterteilung der Knick-/Kipplänge) darf unter der Gesamtbeanspruchung nicht mehr als $\ell/500$ der Gesamtlänge der Aussteifungskonstruktion zwischen benachbarten Lagerungen betragen. Die Durchbiegung ist mit den Rechenwerten E, G und K (siehe oben) und unter Berücksichtigung etwaiger Einwirkungen, die nicht durch die Stabilisierungsfunktion hervorgerufen werden (z. B. Windeinwirkung) zu berechnen.

Die Verformungen von Dach-, Decken- und Wandscheiben in Holztafelbauweise, die nach Abschnitt 6.2 konstruiert und bemessen sind, brauchen nicht nachgewiesen zu werden.

7.4 Bemessung für Grenzzustände der Gebrauchstauglichkeit

7.4.1 Definitionen der Verformungen

Zur Ermittlung der Verformungen im Gebrauchszustand dürfen die mittleren Verformungskennwerte E_{mean}, G_{mean} und K_{ser} verwendet werden.

Grenzzustände der Gebrauchstauglichkeit werden grundsätzlich beschrieben durch:

$w_{G,inst}$ = elastische Verformungen aus ständigen Einwirkungen
$w_{Q,inst}$ = elastische Verformungen aus veränderlichen Einwirkungen
$w_{perm,inst}$ = elastische Verformungen aus ständigen Einwirkungen und ggf. ständigen Anteilen aus veränderlichen Einwirkungen (quasi-ständige Lasten)
w_{def} = $w_{perm,inst} \cdot k_{def}$ = plastische Verformungen aus ständigen und quasi-ständigen Lasten; k_{def} nach *Tabelle 31*
w_{fin} = $w_{G,inst} + w_{Q,inst} + w_{def}$ = größte Endverformung
w_0 = Überhöhung im lastfreien Zustand

Die Verformungen werden aus charakteristischen Einwirkungen gegebenenfalls multipliziert mit Beiwerten nach DIN 1055-100 zur Berücksichtigung von Lastverteilungen und/oder quasi-ständigen Einwirkungen berechnet.

Zu erwartende, bleibende Verformungen aus Dauerlast (Kriechverformungen) dürfen durch Multiplikation der elastischen Verformungen aus der Dauerlast mit dem Beiwert k_{def} berechnet werden. Bei Anschlüssen mit mechanischen Vermittlungsmitteln ist der Verformungsbeiwert k_{def} der beteiligten hölzernen Werkstoffe zu verwenden, gegebenenfalls bei Verbindungen von verschiedenen Werkstoffen der arithmetische Mittelwert der zugehörigen k_{def}-Werte, bei Anschlüssen von Stahlteilen ist k_{def} des/der anschließenden Hölzer oder Holzwerkstoffe zu verwenden.

7.4.2 Vereinbarungsnotwendigkeit

DIN 1052 schreibt grundsätzlich vor, dass Grenzwerte der Verformungen entsprechend der vorgesehenen Nutzung des Tragwerks zu vereinbaren sind, soweit sie nicht in anderen Normen geregelt sind. Daraus ergibt sich, dass auch zu vereinbaren ist, wenn die in DIN 1052 empfohlenen Grenzwerte der Verformungen für trägerartige Bauteile verwandt werden sollen.

Die Notwendigkeit der Vereinbarung hat sich in der Praxis als unbedingt notwendig erwiesen, weil Tragwerke gebaut wurden, bei denen ohne Vereinbarung die Empfehlungen nach DIN 1052 als Grenzwerte angenommen wurden und deren Verformungen anschließend zu Recht als Mängel bewertet wurden.

Die Empfehlungen nach DIN 1052 sind nicht einer bestimmten Nutzung des Tragwerks zugewiesen! Daher muss der schlechteste Fall angenommen werden, für den sie noch als Empfehlungen geeignet sein können. Die Größen der Grenzwerte der Empfehlungen lassen dringend vermuten, dass sie nur für Nutzungen von Tragwerken geeignet sind, bei denen grenzwertige Verformungen mit unbewehrtem Auge weithin sichtbar sind und grenzwertige Verformungsunterschiede zu erwarten sind, die an vielen Stellen entweder sehr verformungstolerante Anschlüsse oder die Akzeptanz von sichtbaren Fugenbewegungen verlangen. Die Normempfehlungen zur Gebrauchstauglichkeit sind keinesfalls für Gebäude zum Zwecke der Wohnnutzung oder ähnlichen Nutzungsanforderungen geeignet!

7.4.3 Vorschläge für Grenzwerte der Verformungen für Vereinbarungen zur Gebrauchstauglichkeit

Mangels irgendwo verfügbarer offizieller oder offiziöser Grenzwerte für verschiedene Nutzungszwecke hat der Autor aus umfänglicheren Vergleichen folgende Vorschläge für Grenzwerte der Verformungen erarbeitet. Sie entsprechen etwa dem Niveau, wie es durch DIN 1052:1988 beschrieben war. Es sei darauf hingewiesen, dass ein unmittelbarer Vergleich von Teilungswerten (Divisor) der Bezuggrößen (Feldweite, Höhe u. Ä.) nicht möglich ist, weil das Kriechen in DIN 1052:1988 grundsätzlich verschieden zu DIN 1052:2008 geregelt war.

Um Unterschiede der Nutzungen handhabbar zu machen, hat der Autor für die Vorschläge die Gebäude in drei Klassen eingeteilt:

- Klasse „C"
- Klasse „B"
- Klasse „A".

Diese Klassen definieren sich nur über die angegebenen Vorschläge. Es werden hier bewusst keine Versuche der verbalen Beschreibungen der Klassen unternommen, weil dies definitiv nicht möglich ist.

7.4.3.1 Vorschläge für Durchbiegungsgrenzwerte von trägerartigen Bauteilen bei Dächern

Tabelle 23: Trägerartige Bauteile aus Holz, die ausschließlich Lasten aus dem Dach tragen Vorschläge des Autors für nach Vereinbarung höchstens zugelassene, rechnerische Durchbiegungen von …

Last		… Dächern über Räumen in Gebäuden der Klasse „C"		… Dächern bei Gebäuden der Klasse „B"	„A"
		elastische Durchbiegung			
		absolut	relativ		
quasi-ständig	begangen (Dachterrassen)	10,0 mm	ℓ/500	ℓ/300	ℓ/250
	nicht begangen	12,5 mm	ℓ/400		
			plastische Durchbiegung (Kriechen)		
quasi-ständig			ℓ/600	ℓ/400	ℓ/300
			elastische Durchbiegung		
nicht quasi-ständige Anteile			ℓ/400	ℓ/250	ℓ/250
			elastisch-plastische Durchbiegung		
insgesamt jedoch			ℓ/250	ℓ/200	ℓ/170
			Überhöhungen dürfen von den Verfomungen aus quasi-ständigen Lasten abgezogen werden, wenn keine Anforderungen an das Schwingverhalten bestehen.		

7.4.3.2 Vorschläge für die Beschränkung der Durchbiegung von Pfetten bei Pfettendächern wegen der horizontalen Verschiebung der Traufpunkte

Bei Pfettendächern in Holzkonstruktion sind zugleich die Durchbiegungen der Pfetten, welche keine Traufpfetten sind, so zu beschränken, dass sich der Traufpunkt des Sparrens durch Senkung dieser Pfetten horizontal nicht mehr als in *Tabelle 24* angegeben verschiebt. Bei Traufpunkten, die empfindlich gegenüber solchen horizontalen Verschiebungen des Traufpunktes sind, zum Beispiel wenn diese Abrisse von Mauerwerksfugen oder Rissen im Putz erwarten lassen, sind den Gegebenheiten angemessene Vereinbarungen zu treffen.

Tabelle 24: Horizontale Verschiebungen des Traufpunktes von Sparren durch die Senkung von Sparrenauflagern auf Pfetten
Vorschläge des Autors für nach Vereinbarung höchstens zugelassene, rechnerische horizontale Verschiebungen …

Last	**… bei Pfettendächern über Räumen in Gebäuden der Klasse „C"**	**… bei Pfettendächern bei Gebäuden der Klasse „B"**	**„A"**
	absolut		
quasi-ständig	5 mm	8 mm	12 mm
	plastische Durchbiegung (Kriechen)		
quasi-ständig	3 mm	6 mm	10 mm
	elastische Durchbiegung		
nicht quasi-ständige Anteile	4 mm	8 mm	15 mm
	elastisch-plastische Durchbiegung		
insgesamt jedoch	10 mm	15 mm	20 mm

Unabhängig davon sollten die Grenzwerte nach *Tabelle 27* eingehalten werden.

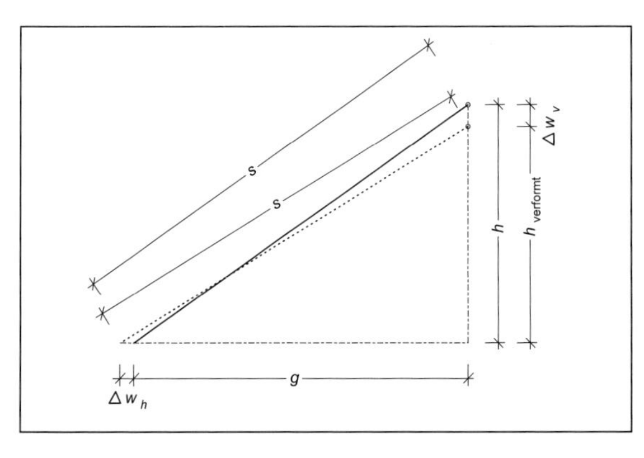

Bild 37: Die vereinfachte Berechnung $\Delta w_h = \sqrt{s^2 - (h - \Delta w_v)^2} - g$ liefert ausreichend genau Ergebnisse. Gegebenenfalls sind horizontale Durchbiegungen der Pfetten zusätzlich zu berücksichtigen.

7.4.3.3 Vorschläge für Durchbiegungsgrenzwerte der vertikalen Verformungen bei Decken

Die absoluten Grenzwerte dienen der Beschreibung des Schwingverhaltens. Dies kann auch durch andere Kriterien begrenzt werden, die auf jeden Fall vereinbart werden sollten. Diese können Grenzwerte für die Eigenfrequenz, die maximale Beschleunigung, die maximale Amplitude, die Massenträgheit oder die innere Dämpfung in gegenseitigen Bezügen und Bezügen zu den Deckengrößen sein.

Zusätzlich sind gegebenenfalls die Grenzwerte einzuhalten, die für den Einbau von inneren Trennwänden oder von Treppen vereinbart werden.

Tabelle 25: Deckenkonstruktionen und zugehörige Unterzüge aus Holz, ohne Anforderungen an das Schwingverhalten
Vorschläge des Autors für nach Vereinbarung höchstens zugelassene, rechnerische Durchbiegungen von …

Last		**… Decken unter Räumen in Gebäuden der Klasse „C"**		**… Decken bei Gebäuden der Klasse „B"**	**„A"**
		elastische Durchbiegung			
		absolut	relativ		
ständig	begangen	10 mm	$\ell/500$	$\ell/300$	$\ell/250$
	selten begangen	12,5 mm	$\ell/400$		
			plastische Durchbiegung (Kriechen)		
ständig			$\ell/600$	$\ell/400$	$\ell/250$
			elastische Durchbiegung		
veränderlich			$\ell/400$	$\ell/250$	$\ell/250$
			elastisch-plastische Durchbiegung		
insgesamt jedoch			$\ell/270$	$\ell/220$	$\ell/180$
			Überhöhungen dürfen von den Verformungen aus ständigen Lasten abgezogen werden.		

Tabelle 26: Deckenkonstruktionen und zugehörige Unterzüge aus Holz, mit Anforderungen an das Schwingverhalten
Vorschläge des Autors für nach Vereinbarung höchstens zugelassene, rechnerische Durchbiegungen von Decken …

Last	… bei Gebäuden der Klasse „C"		… bei Gebäuden der Klasse „B"		„A"	
	elastische Durchbiegung					
	absolut	relativ	absolut	relativ	absolut	relativ
ständig	5 mm	$\ell/600$ als Kragarm $\ell_k/300$	8 mm	$\ell/500$ als Kragarm $\ell_k/250$	10 mm	$\ell/250$ als Kragarm $\ell_k/125$
	plastische Durchbiegung					
ständig		$\ell/800$ als Kragarm $\ell_k/400$		$\ell/600$ als Kragarm $\ell_k/300$		$\ell/250$ als Kragarm $\ell_k/125$
	elastische Durchbiegung					
veränderlich		$\ell/600$ als Kragarm $\ell_k/400$		$\ell/350$ als Kragarm $\ell_k/175$		$\ell/250$ als Kragarm $\ell_k/125$
Einzellast 2 kN	0,5 mm		1,0 mm			
jedoch insgesamt		$\ell/270$ als Kragarm $\ell_k/135$		$\ell/220$ als Kragarm $\ell_k/110$		$\ell/180$ als Kragarm $\ell_k/90$

Nichttragende Wände, die von Decken getragen werden oder über denen Decken angeordnet sind, müssen sich im Baugefüge entweder verträglich mit den Decken verformen oder von diesen sinnvoll mechanisch entkoppelt sein. Im Mineralbau wird eine Deckendurchbiegung von etwa $\ell/500$ als verträglich für nichttragende Wände üblicher Bauarten angesehen. Aus der Einbausituation ergibt sich, dass die die Wände und deren Anschlüsse beeinflussenden Verformungen ab dem Verformungszustand der Decken beim Einbau der Wände wirksam werden. Daher können diesbezügliche Regeln nur diesen Zustand und die folgenden Verformungen zugrunde legen.

Die üblichen, nichttragenden Wände in Trockenbauweise als Metall- oder Holzständerwände – und nur diese werden hier betrachtet – sind ausreichend duktil, um langsam vonstatten gehende Bauwerksverformungen, die im Rahmen des bisher Üblichen liegen, schadlos zu folgen. Dies gilt für Kriechverformungen üblichen Ausmaßes und Zug um Zug eingebrachte übliche quasi-ständige Lasten in Wohnungen, Büros und ähnlich genutzte Räume, also Möbel und deren Beladung. Die so hervorgerufenen Verformungen müssen zunächst elastisch ohne bemerkenswerte Risse aufgenommen werden können. In der Folge werden die geweckten Spannungen zu größeren Teilen durch Kriechen abgebaut.

Problematisch sind hohe, kurzfristig aufgebrachte oder kurzfristig wechselnde hohe Lasten sowie durch Lasten hervorgerufene, große Verformungsunterschiede zwischen Decken über und unter nichttragenden Wänden.

Der Autor ist der Meinung, dass die Einhaltung der Üblichkeiten im Mineralbau auch für den Holzbau als Maß für „das Übliche" herangezogen werden kann. Daraus ergibt sich der entsprechende Vorschlag für eine Vereinbarung.

Für die Vereinbarung von Verformungsunterschieden Δw zwischen Decken, die unter und über nichttragenden Wänden liegen, wird für die Klasse „Häuser" vorgeschlagen:

$\Delta w_{fin} \leq \ell/400$
$\Delta w_{Q,inst} \leq \ell/600$

Bei größeren Verformungsunterschieden muss mit Rissen an den Anschlüssen gerechnet werden oder es müssen gleitende Anschlüsse vorgesehen werden.

Damit diese einfachen Regeln wirksam werden können, muss zusätzlich vereinbart werden, in welchem Bauzustand und zu welchem Bauzeitpunkt die nichttragenden Wände in das Gebäude eingebracht werden.

7.4.3.4 Verfomungen von Wänden, Stützen, Dach- und Deckenscheiben und Dach- und Deckenverbänden in Relation zum Gesamtgefüge des Bauwerks

Die Verformungen werden nach *Bild 38* definiert. Da die Schrägstellungen, Verschiebungen und Durchbiegungen vom gesamten Bauwerksgefüge abhängig sind, werden die Vorschläge für die Grenzwerte der Verformungen in Abhängigkeit von dem Bauwerksgefüge formuliert. Die Schrägstellung rechtwinklig zur Wandebene ergibt sich aus dem Bauwerksgefüge und wird daher relativ begrenzt. Aus DIN 1052 ergibt sich für stabilisierende Bauteile nach den Berechnungsverfahren nach Theorie I. Ordnung für den Zustand der Tragsicherheit eine höchst zulässige Durchbiegung von $\ell/500$. Für den Zustand der Gebrauchstauglichkeit entspricht das etwa einer Durchbiegung von $\ell/1000$, was wiederum DIN 1052:1988 entspricht, wenn man von nur geringen ständigen Einwirkungen ausgeht, was im Allgemeinen der gegebene Fall ist. Der Vorschlag für eine Vereinbarung geht davon aus. Zu berücksichtigen ist auch, dass die Verformungen im Wesentlichen durch Windkräfte hervorgerufen werden und diese in beliebiger Grundrissrichtung wirken können, also die größten Verformungsunterschiede das Doppelte der Grenzwerte betragen! Dem Konzept der gesamtheitlichen Betrachtung folgend ergeben sich zum Teil relative Vorschlagswerte.

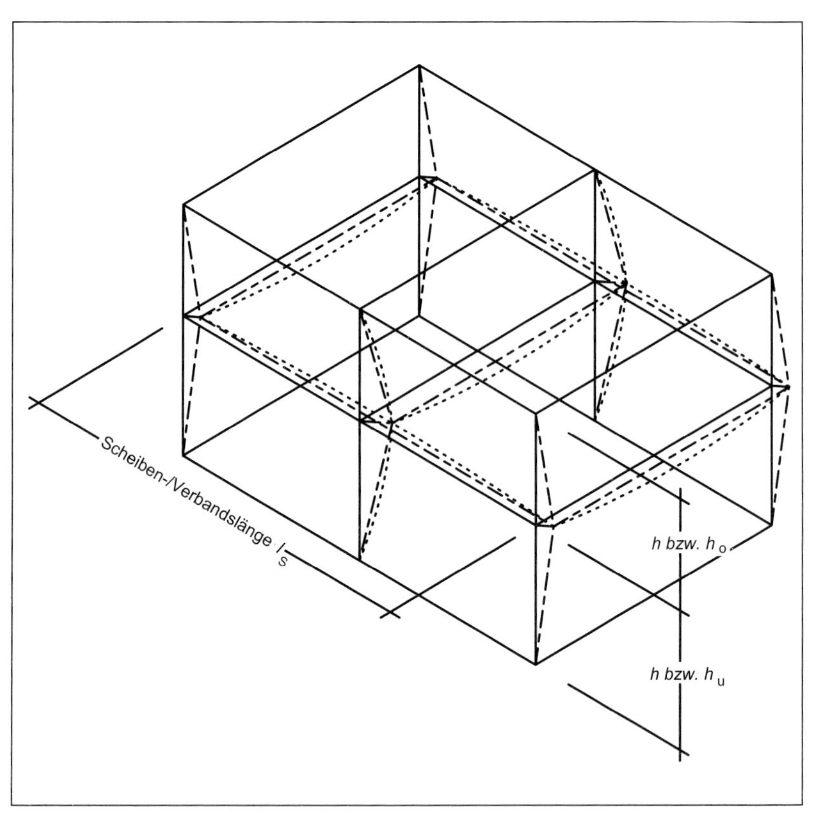

Bild 38: Bezeichnungen für Verformungsgrenzwerte nach *Tabelle 27*

Tabelle 27: Wände, Stützen, Dach- und Deckenscheiben und Dach- und Deckenverbände
Vorschläge des Autors für nach Vereinbarung höchstens zugelassene, rechnerische horizontale Verformungen im Zustand der Gebrauchstauglichkeit …

Last	… bei Gebäuden der Klasse „C"		… bei Gebäuden der Klasse „B"		„A"	
	elastische Durchbiegung					
	bezogen auf das Bauteil	bezogen auf die Umgebung des Bauteils	bezogen auf das Bauteil	bezogen auf die Umgebung des Bauteils	bezogen auf das Bauteil	bezogen auf die Umgebung des Bauteils
ständig und zugleich veränderlich, in horizontaler Richtung: Dach-/Decken-Scheiben/-Verbände	$\ell_S/975$	$(w_{W,inst} + w_{S,inst}) \leq \min(h_o; h_u)/400$	$\ell_S/975$	$(w_{W,inst} + w_{S,inst}) \leq \min(h_o; h_u)/400$	$\ell_S/975$	$(w_{W,inst} + w_{S,inst}) \leq \min(h_o; h_u)/400$
ständig und zugleich veränderlich, in horizontaler Richtung: Wand-Scheiben/-Verbände, Stützen, in Stabilisierungsrichtung am Kopf	$h/400$	$(w_{W,inst} + w_{S,inst}) \leq \min(h_o; h_u)/400$	$h/250$ bei Stütze als Kragarm $h/150$	$(w_{W,inst} + w_{S,inst}) \leq \min(h_o; h_u)/400$	$h/250$ bei Stütze als Kragarm $h/100$	$(w_{W,inst} + w_{S,inst}) \leq \min(h_o; h_u)/400$
Durchbiegung von Stützen oder Wänden zwischen ihren Lagerungen, bei Kragarmen zwischen der Einspannstelle und ihrem Ende, bei Rahmen zwischen Rahmenknoten	$h/500$		$h/250$		$h/200$	

7.4.3.5 Vertikale Verformungen bei Stützen und Wänden

Die Längenänderung von Stützen und Wänden mit senkrechter Holzfaserichtung infolge axialer Normalkraft-Beanspruchung kann in Standardfällen des Hochbaus im Allgemeinen vernachlässigt werden. Die Verformungen bezogen auf die gesamte Bezugshöhe sind wesentlich bedingt durch die Stützenanschlüsse. Daraus ergibt sich, dass die Verformungen an den Stützenanschlüssen in die Betrachtung der Höhenveränderungen eingehen müssen. Hier wird als die Bezughöhe der Höhenunterschied zwischen Lasteintragungs- und Lastaustragungsebene definiert.

Zu unterscheiden sind:

- Lagerung der Stützen oder Wandständer mittels Druckkontakt zwischen Schwellen und Rähmen: Die Verformungen innerhalb der Bezugshöhe aus Schwinden und Quellen der Schwellen- und Rähmhölzer sind zusammen mit ihren Zusammendrückungen infolge der wirkenden Kräfte zu berücksichtigen.
- Lagerung der Stützen mittels mechanischer Verbindungsmittel: Die Verformungen der Verbindungen innnerhalb der Bezugshöhe sind zu berücksichtigen.
- Lagerung der Stützen durch Druckkontakt an Werkstoffen wesentlich höherer Steifigkeit wie Beton oder Stahl: Die Verformungen können vernachlässigt werden.

Bei Kombinationen verschiedener Lagerungen sind die Verformungen daraus zu kombinieren.

Als baupraktisch unschädlich haben sich bei Häusern in Holzbauweise vertikale Verformungen der Stützungen zwischen Lasteintragungs- und Lastaustragungsebene von weniger als etwa *h*/250 erwiesen. Das entspricht bei Wänden in Holztafelbauart und Holzbalkendecken mit einer quer zur Holzfaser auf Druck beanspruchten Holzhöhe von 42 cm (Doppelschwelle, Rähm, Deckenbalken) zwischen den Deckenoberseiten einer Holzfeuchteänderung von etwa 10 % (Einbaufeuchte 18 %, Ausgleichsfeuchte 8 %). Da dieses Maß auch bei höheren Stützen konstant bleibt, werden für eine Vereinbarung die Grenzwerte nach *Tabelle 28* vorgeschlagen.

Tabelle 28: Wände, Stützen, Dach- und Deckenscheiben und Dach- und Deckenverbände Vorschläge des Autors für nach Vereinbarung höchstens zugelassene, rechnerische vertikale Verformungen im Zustand der Gebrauchstauglichkeit …

Last	… bei Gebäuden der Klasse	… bei Gebäuden der Klasse	
	„C"	„B"	„A"
	elastische und plastische Verformung zwischen den Lasteintragungsebenen		
ständig und zugleich veränderlich	6 mm + h/1000	8 mm + h/700	10 mm + h/600

7.5 Rechenwerte für die Berechnung der Verformungen

Tabelle 29: Mittlere Moduln für ausgewählte Werkstoffe (weitere siehe DIN 1052)

Werkstoff	ρ_k	Dicke	Orientierung[1])	Moduln $E_{0,mean}$		$E_{90,mean}$	G_{mean}		$G_{R,mean}$
				Balk.	Schei.		Balk.	Schei.	
Kurzbezeichnung	**kg/m³**	**mm**		**kN/cm²**					
NH-VH C24 (S10)	350			1.100		37	69		6,9
GL24h (BS11)	380			1.160		39	72		7,2
GL28h (BS14)	410			1.260		39	72		7,2
LH-VH D30 (LS10)	530			1.000		64	60		
Sperrholz EN 636 F25/10 40/20	350	≥ 6	parallel	400	400		3,5	35	
			rechtw.	200	200		2,5	35	
Sperrholz EN 636 F50/25 E70/25	600	≥ 6	parallel	600	440		20	60	
			rechtw.	400	470		15	70	
OSB/2/OSB/3	550	> 10–18	parallel	493	380		5	108	
		> 18–25	rechtw.	198	300		5	108	
		> 10–18	parallel	498	380		5	108	
		> 18–25	rechtw.	198	300		5	108	
OSB/4	550	> 10–18	parallel	678	430		6	109	
		> 18–25	rechtw.	268	320		6	109	
		> 10–18	parallel	678	320		6	109	
		> 18–25	rechtw.	268	320		6	109	
Spanplatten P4	650	6–13		320	180		20	86	
	600	> 13–20		290	170		20	83	
	550	> 20–25		270	160		20	77	
		> 25–32		240	120		10	68	
Spanplatten P5	650	6–13		350	200		20	96	
	600	> 13–20		330	190		20	93	
	550	> 20–25		300	180		20	86	
		> 25–32		260	150		10	75	
Spanplatten P6	650	6–13		440	250		20	120	
	600	> 13–20		410	240		20	115	
	550	> 20–25		350	210		20	105	
		> 25–32		330	190		10	95	
Spanplatten P7	650	6–13		460	260		20	125	
	600	> 13–20		420	250		20	120	
	550	> 20–25		400	240		20	115	
		> 25–32		390	230		10	110	

1) zur Faser-/Spanrichtung der Deckschicht

Tabelle 30: Rechenwerte (Mittelwerte) für Verschiebungsmoduln K_{ser} in N/mm² für stiftförmige, metallische Verbindungsmittel und Dübel besonderer Bauart je Scherfuge bzw. je Verbindungseinheit für Holz-Holz, Holz-Holzwerkstoff und Holz-Stahl-Verbindungen, bei verschiedenen Werkstoffen min ρ_k ansetzen.

Verbindungsmittel	K_{ser}
	N/mm²
Stabdübel, Passbolzen	$\frac{\rho_k^{1,5}}{20} \cdot d$
Nägel, Holzschrauben in vorgebohrten Löchern	$\frac{\rho_k^{1,5}}{20} \cdot d$
Nägel, Holzschrauben in nicht vorgebohrten Löchern	$\frac{\rho_k^{1,5}}{25} \cdot d^{0,8}$
Klammern	$\frac{\rho_k^{1,5}}{60} \cdot d^{0,8}$
Ringdübel Typ A1 und Scheibendübel Typ B2 (Appel)	$0,6 \cdot d_c \cdot \rho_k$
Scheibendübel mit Zähnen Typ C1 bis C5 (Bulldog)	$0,3 \cdot d_c \cdot \rho_k$
Scheibendübel mit Dornen Typen C10, C11 (Geka)	$0,45 \cdot d_c \cdot \rho_k$

Tabelle 31: Rechenwerte für die Verformungsbeiwerte k_{def} für Holzbaustoffe und deren Verbindungen bei ständiger und quasi-ständiger Last, wenn diese mit einer Feuchte entsprechend Nutzungsklasse eingebaut werden.

Baustoff	**Nutzungsklasse**	
	1	**2**
Vollholz, Balkenschichtholz, Brettschichtholz	0,60	0,80
Sperrholz	0,80	1,00
OSB-Platten	1,50	2,25
kunstharzgebundene Spanplatten	2,25	3,00

Kapitel II

Hinweise und Nachweise zu den Reduktionen und Vereinfachungen

Zum Sinn dieses Kapitels

Damit der Leser und Nutzer die hier dargelegten Regeln überprüfen kann, ob die reduzierten oder vereinfachten Regeln „auf der sicheren Seite liegen", sind für die Formulierungen jeweils die Begründungen und/oder Beweise dargelegt.

Begründungen werden gegeben, wenn es sich handelt:

- um Einschränkungen,
- um auf der „sicheren Seite" liegende Weglassungen, diese Weglassungen wurden vorgenommen, wenn:
  - Fälle geregelt sind, die unter Einhaltung besonderer Bedingungen günstigere Bemessungen ermöglichen,
  - Fälle geregelt sind, bei denen die Weglassung von Parametern zu nur gering ungünstigeren Ergebnissen führt.

Beweise werden geführt, wenn mathematische Umformungen vorgenommen wurden, so dass der Leser den Weg zu den in der Formel- und Werte-Sammlung ohne Erklärungen dargebotenen Ergebnissen nachvollziehen kann.

Keine Begründungen oder Beweise sind bei im Verweisungszusammenhang dieses Werkes trivial verständlichen Angaben gegeben.

Verweise auf DIN 1052:2008-12 sind in eckige Klammern gestellt, z. B. bedeutet [8.4.3(2)Gl(14)] „Abschnitt 8.4.3, Absatz (2), Gleichung (14)". Verweise innerhalb dieses Werkes sind zwischen Schrägstriche gestellt, z. B. bedeutet /I 1.2/ „Kaptitel I, Abschnitt 1.2". „Meinung des Autors" ist jeweils mit „M. d. A." abgekürzt.

Begründungen und Beweise

Sämtliche Verweise beziehen sich auf Kapitel I.

Zu 1.1:
Die Basis für dieses Werk ist DIN 1052:2008-12. Es wird davon ausgegangen, dass sie Norm dem Nutzer dieses Werkes vorliegt.

Begründung:
Da DIN 1052:2008-12 die Grundlage dieses Werkes ist, ist die umfassende Wiederholung von deren Angaben sinnlos.

Zu 1.2:
Dieses Werk beschränkt sich auf definierte Fälle, welche in der Baupraxis häufig vorkommen.

Begründung:
Die Einschränkung des Geltungsbereiches gegenüber DIN 1052:2008-12 ist unabdingbare Voraussetzung für die Reduktionen und Vereinfachungen der umfassenden Regeln der Norm im Verweisungszusammenhang dieses Werkes.

Zu 2.1:
Die allgemeinen Regeln zur Annahme der Einwirkungen sind mindestens so streng gefasst wie die geltenden, bauaufsichtlichen Bestimmungen zum Zeitpunkt der Herausgabe. Da der Geltungsbereich/I 1.2/die Nutzungsklasse 3 ausschließt, sind diesbezügliche Regeln obsolet. Für dieses Werk ist [8.1(4)] als Mussbestimmung gefasst sowie das Kriterium „wesentlich" mit dem „Richtwert 10 %" interpretiert.

Zu 2.2:
Allgemein gültige Beschreibung der zu treffenden Einwirkungsannahmen, wenn nach Theorie I. Ordnung berechnet und bemessen wird.

Begründungen:
Die generalisierende Regel vereinfacht die weiteren Darlegungen. Kippgefährdete Bauteile sowie die Berechnung nach Theorie II. Ordnung werden in diesem Werk entsprechend /I 6.1.9.0/ und /I 2.1/ nicht behandelt, daher bedarf dies keiner Erwähnung.

Zu 3.1:
In diesem Abschnitt sind die für dieses Werk relevanten Regeln für die Ansätze der statischen Systeme nach [8.1(1) bis (3)] und [8.8.2] zusammengefasst.

Begründungen:
- Durch die Einschränkung des Geltungsbereiches auf Dauerlasten von weniger als 70 % der Gesamtbelastung sind Kriecheinflüsse bei der Schnittgrößenermittlung nicht zu berücksichtigen [8.1 (1) bis (3) und 8.3 (1) und (3) (4)].
- Von den Möglichkeiten nach [8.1 (5) bis (10)] wird in dem Werk kein Gebrauch genommen.
- Die Baugrundveränderungen [8.1 (4)] sind in /I 2.1/ berücksichtigt, weil es äußere Einwirkungen sind.
- Für andere Stabwerke als die in /I 3.1/ beschriebenen fachwerkartigen Bauteile können die Schnittgrößen nach den ausführlicheren Regeln der Norm berechnet werden und dennoch gegebenenfalls nach diesem Werk in dessen Geltungsbereich weiter benutzt werden.

Zu 3.2.1:
Entspricht den im Rahmen dieses Werkes [8.5.2] und [8.5.3] mit der Abweichung, dass statt nach Norm nicht der Begriff „Stiele", sondern „druckbeanspruchte Stäbe" verwandt wird sowie unter Weglassung der rahmenartigen und planmäßig gekrümmten Bauteile.

Begründungen:

Dies entspricht offenkundig dem Sinn der Norm. Das Werk behandelt nach /I 1.2/ ausschließlich gerade Bauteile, daher wird zu planmäßig gekrümmten Bauteilen nichts angegeben.

Zu 3.2.2:
Erläuternder Hinweis

Zu 3.2.3:
Entspricht im Rahmen dieses Werkes [8.4.2 (1), (2), (4) bis (6)] und auf der sicheren Seite liegend verändert [Gl (11), (12)].

Begründungen:
Die Reduktion der Gleichungen [(11], [(13)] um den Multiplikator $(1 - k_c)$ ergibt für jeden Fall mindestens gleich hohe Ersatzlasten, im Allgemeinen höhere gegenüber der Normformulierung. Die Dimensionierung der Abstützungen zur Unterteilung der Knicklänge für eine höhere Beanspruchung als nach [8.4.2] liegt „auf der sicheren Seite" und führt nach M. d. A. nur zu geringen wirtschaftlichen Nachteilen, vereinfacht jedoch den Nachweis. Die Regelungen nach [8.4.2 (2) (3)] werden nur für Stäbe nach dem Geltungsbereich des Werks /I 1.2/ (konstanter Rechteckquerschnitt, gerade) dargelegt, weil dies nach M. d. A. für das Werk ausreichend ist. [8.4.2 (4) bis (8)] sind im Rahmen von /I 1.2/ hier in 3.2.3 partiell sowie der verbleibende Rest in /I 6.1.5/ übernommen, jedoch wegen der hier gewählten Gliederung anders ausgedrückt.

Beweise:
Grundlagen sind [8.4.2; Gl (11) bis Gl (13)], die Beiwerte $(1 - k_c)$ wurden ersatzlos eliminiert:

Nach [10.3.1 (1) Gl (64)] gilt $0 < k_c \leq 1$, daraus folgen:
$F_{d(Norm)} = N_d \cdot (1 - k_c)/50 \leq F_{d(Werk)} = N_d/50$ bzw.
$F_{d(Norm)} = N_d \cdot (1 - k_c)/80 \leq F_{d(Werk)} = N_d/80$

und

$$q_{d(Norm)} = \frac{N_d \cdot (1-k_c)}{30 \cdot \ell} \leq q_{d(Werk)} = \frac{N_d}{30 \cdot \ell}$$

Qu. e. d.

Zu 3.2.4:
Entspricht im Rahmen dieses Werkes [8.4.3(1), (3), (4), (6), (7)] und [Gl (15) bis (18)], jedoch mit der Reduktion um den Mutliplikator $(1 - k_m)$.

Begründung:
Die Dimensionierung der Abstützungen zur Verhinderung des Biegedrillknickens (Kippens) eines Biegeträgers für eine höhere Beanspruchung als nach [8.4.3] liegt „auf der sicheren Seite" und führt nach M. d. A. nur zu geringen wirtschaftlichen Nachteilen, vereinfacht jedoch den Nachweis, weil nicht k_m für den unausgesteiften Träger berechnet werden braucht.

Beweise:
Grundlage ist [8.4.3 Gl (15)], der Beiwerte k_m wurde ersatzlos eliminiert:

Nach [10.3.2 (1) Gl (68)] gilt $0 < k_m \leq 1$, daraus folgt:
[8.4.3 Gl (15)] $N_{d(Norm)} = (1 - k_m) \cdot M_d/h \leq N_{d(Werk)} = M_d/h$

Zu 3.2.5:
Entspricht im Rahmen des Werkes [8.4.3 (1), Gl (2)] und ist ergänzt um Berechnungshilfen nach den Regeln der technischen Mechanik.

Begründungen:
Zusätzlich zu den Angaben in DIN 1052 sind die Formelansätze für Nachweise der Aufnahme des Torsionsmomentes nach [8.4.3 (2) Gl (14)] durch schiefe Pressung angegeben, damit diese bei Bedarf zur Hand sind. Für Fachwerkträger ist zusätzlich eine Formulierung angegeben, die der nach [8.4.3 (2) Gl (14)] gleichwertig ist.

Beweis:
Bei Fachwerkträgern ergibt sich aus dem Ansatz des Momentes für die Gabellagerung aus Vorkrümmung ($\ell/400$) und Durchbiegung der Aussteifungskonstruktion ($\ell/500$) sowie Belastung durch eine Gleichstreckenlast:

$$M_{T,x,d} = q_d \cdot \ell \cdot (\ell/400 + \ell/500) \cdot {}^2/_3 \cdot {}^1/_2$$
$$= q_d \cdot \ell \cdot (\ell/400 + \ell/500) \cdot {}^2/_3 = q_d \cdot \ell^2/667$$

mit der zugehörigen Auflagerkraft $V_d = q_d \cdot \ell/2 \rightarrow V_{y,d} \cdot 2 = q_d \cdot \ell$ wird:
$$M_{T,x,d} = V_d \cdot 2 \cdot \ell/667 = V_{y,d} \cdot \ell/333 \approx V_d \cdot \ell/320$$
Qu. e. d.

Zu 3.3:
Entspricht den Regeln der technischen Mechanik und im Rahmen dieses Werkes den entsprechenden Teilen von [8.7.3 (3)], [8.7.5 (7)] und [8.7.6 (4) Gl (39)].

Begründungen:
Im Rahmen des Werkes werden nur Holztafeln behandelt, für die keine Nachweise der Verformungen geführt zu werden brauchen. Aus dieser Einschränkung ergibt sich, dass die Einwirkungen welche sich aus den Vorverformungen nach zuvor zitierten Normenregelungen ergeben, bei der Schnittgrößenermittlung zu berücksichtigen sind.

Zu 3.4:
Entspricht [7.2.4].

Zu 4.1:
Entspricht auszugsweise [7.1.1]

Begründung:
Schaffung von Übersicht durch Tabelle, mehr Angaben sind wegen des Geltungsbereichs dieses Werks /II 1.2/ nicht sinnvoll.

Zu 4.2:
Ist aus Angaben der Norm in [7.2.1], [7.2.3], [7.3.1], [7.4 (1) und (2)] [7.7.1 (1) bis (3)] [7.8.1 (1) bis (3)] [7.9.1 (1) bis (3)] und [Tab. 2] im Rahmen des Geltungsbereichs dieses Werkes nach /I 1.2/ zusammengestellt.

Begründung:
Schaffung von kompakten Übersichten.

Zu 4.3:
Entspricht auszugsweise [Tab. 3] und ist in der Tabelle ergänzt um Auszug aus [7.1.2 (2) und (3)]

Begründung:
Sehr selten vorkommende Lasten (Gabelstapler, Hubschrauber, Kfz) wurden zugunsten der Kompaktheit ersatzlos eliminiert. Die Abschnitte [7.1.2 (2), (3)] konnten zugunsten der Kompaktheit sinnvoll in die Tabelle integriert werden.

Zu 5:

- *Tabelle 5* entspricht auszugsweise [Tab. F. 5, Tab. F. 9, Tab F. 11 bis Tab. F. 18], jedoch nicht in der Dimension der Zahlenangaben der Norm ([kN/ cm^2] statt [N/mm^2]).
- Der stets bei Tragsicherheitsnachweisen zu berücksichtigende Quotient k_{mod}/γ_M ist in den *Tabellen 6* und *7* ausgewiesen.
- Die Gleichung zur Berechnung des bei Tragsicherheitsnachweisen stets zu bildenden Bemessungswertes der Tragfähigkeit ist in allgemeimer Form angegeben.

Begründungen:
Die Angaben in der *Tabelle 5* dieses Werks ist aus 10 Tabellen der Norm zusammengetragen und schaffen nach M. d. A. eine sehr gut handhabbare Übersicht für häufige Fälle gegenüber dem fortlaufenden Blättern in der Norm. Die Angabe in der Dimension [kN/cm^2] ist nach M. d. A. auch heute noch bei vielen Praktikern wegen der kompakten Schreibweise, weitgehend ohne Nutzung von Exponentialangaben, gebräuchlich und kommt damit der Praxis entgegen.

Die *Tabellen 6* und *7* sind auszugweise aus den Angaben in [5.3 (5)] [5.4 (2)] [Tab. 1] zusammengestellt und berechnet, um das in der Norm umfangreich notwendige Blättern zu vermeiden und die Berechnung der Werte nicht erforderlich ist.

Die Reduktion auf den Geltungsbereich dieses Werkes ergibt sich sinnvoll zwangsläufig.

Zu 6.1.1:
Die Formel entspricht [10.2.1] und [Gl (43)], die beigefügten Regeln entsprechen [11.1.2 (1) bis (4)].

Bgründungen:
Im Rahmen des Geltungsbereich dieses Werks nach /1.2/ und /3.1/ ist es möglich, die entsprechend zugehörigen Teile der zusätzlichen Normangaben in unmittelbarer Nähe anzugeben. Nach M. d. A. wird dadurch Normenblättern erheblich reduziert und die unmittelbaren Wahrnehmung der den Nachweis beeinflussenden Regelungen verbessert.

Zu 6.1.2:
Entspricht [10.2.2] und [Gl (44), (45)].

Zu 6.1.3:
Entspricht [10.2.3] und [Gl (46)].

Zu 6.1.4:
Nachweis nach [10.2.5] und [Gl (49) bis (52)] wurde erheblich vereinfacht.

Begründung:
Die höheren Festigkeiten von Sperrholz und OSB-Platten bei einem Winkel der Kraft von weniger als 90° zur Faserrichtung der Decklagen wurden vernachlässigt. Damit ist die geringst mögliche Festigkeit als maßgeblich angesetzt. Bei Sperrholz mit wenigen Furnierlagen beträgt der wirtschaftliche Nachteil im mittleren Winkelbereich (30° bis 60°) etwa $^1/_3$, bei Sperrholz mit mehr Furnierlagen etwa $^1/_4$ bis $^1/_6$ und bei OSB etwa $^1/_6$ bis $^1/_{10}$ gegenüber der genauen Berechnung. Die Vereinfachung vermeidet die Lösung von [Gl (45) bis (52)].

Zu 6.1.5:
Die Nachweisgleichung entspricht [10.3.1 (1), Gl (63)]. Die Knickbeiwerte sind tabellarisch für die im Rahmen dieses Werkes behandelten, stabförmigen Werkstoffe angegeben. Zusätzlich sind einfachere Gleichungen zur Ermittlung des Knickbeiwertes als [Gl (64) bis Gl (66)] für Vorbemessungen und Ähnliches angegeben. [Tab. E.1] ist ensprechend dem Geltungsbereich auszugsweise wiedergegeben.

Begründung:
Die nachfolgende Gegenüberstellung zeigt die Knickbeiwerte entsprechend der Vereinfachung und die Knickbeiwerte nach DIN 1052 für die ausgewählten Werkstoffe. Die Ergebnisse aus den nicht materialtechnologisch begründeten Formulierungen der Vereinfachungen stimmen in den angegebenen Geltungsbereichen recht gut mit den nach Norm berechneten Werten überein. Die Näherungsgleichungen mögen als Hilfen für Überschlagsrechnungen dienlich sein.

Zu 6.1.6:
Entspricht [10.2.4] und [Gl (46)], typische Fälle für die schnelle Ermittlung der wirksamen Querdruckfläche sind entsprechend [10.2.4] illustriert tabellarisch dargestellt.

Begündung:
Verbesserung der Handhabbarkeit.

Zu 6.1.7:
Die Nachweisgleichung entpricht [Gl (50)] in Kombination mit [Gl (51)]. Für die Ermittlung des Bemessungswertes der Druckfestigkeit in einem Winkel α zur Holzfaserrichtung ist eine gegenüber [Gl (52)] stark vereinfachte Gleichung angegeben.

Begründung:
Die Formulierung der vereinfachten Gleichung ist nicht materialtechnologisch begründet. Sie stellt eine Nährung dar, die wesentlich einfacher berechenbar ist. Die Gegenüberstellung der charakteristischen Werte für die Festigkeiten nach der Vereinfachung und nach Norm zeigt Unterschiede. Diese sind zusätzlich durch prozentuale Angaben der Unterschiede ausgedrückt. Die hinterlegten Felder weisen die nach M. d. A. vernachlässigbaren Abweichungen zur unsicheren Seite aus. Die einfache mathematische Formulierung ergibt Nachteile, die in häufigen Winkelbereichen bis zu etwa 13 % betragen können. Allerdings ist der Druck schräg zur Holzfaserrichtung zumeist nicht bemessungsrelevant für den Stab. D. h., der wirtschaftliche Nachteil durch die Vereinfachung kommt in solchen, häufigen Fällen gar

nicht vor. Der Vorteil liegt nach M. d. A. in der einfachen Handhabbarkeit der Formel.

Holz	C24			GL24h			GL28h		
$f_{c,o,k}$	21,0			24,0			26,5		
$f_{v,d}$	2,0			2,5			2,5		
$f_{c,90}$	2,0			2,7			3,0		
α	$f_{c,\alpha,DIN}$	$f_{c,\alpha,Näh.}$	Δ in %	$f_{c,\alpha,DIN}$	$f_{c,\alpha,Näh.}$	Δ in %	$f_{c,\alpha,DIN}$	$f_{c,\alpha,Näh.}$	Δ in %
0	21,00	14,64	-30,30	24,00	20,22	-15,7	26,50	21,11	-20,32
5	19,35	12,73	-34,25	22,41	17,46	-22,1	24,38	18,26	-25,10
10	15,94	11,02	-30,83	18,84	15,01	-20,3	19,99	15,72	-21,37
15	12,66	9,52	-24,79	15,09	12,84	-14,9	15,80	13,48	-14,67
20	10,09	8,21	-18,66	11,97	10,94	-8,6	12,52	11,52	-7,97
25	8,18	7,07	-13,52	9,59	9,30	-3,0	10,09	9,82	-2,61
30	6,76	6,10	-9,77	7,82	7,89	0,9	8,29	8,37	0,92
35	5,69	5,27	-7,43	6,50	6,70	3,0	6,95	7,13	2,58
40	4,89	4,58	-6,29	5,52	5,70	3,3	5,95	6,11	2,64
45	4,27	4,02	-6,01	4,78	4,89	2,3	5,18	5,26	1,54
50	3,80	3,57	-6,18	4,21	4,24	0,6	4,60	4,59	-0,17
55	3,43	3,21	-6,41	3,78	3,73	-1,3	4,15	4,07	-1,93
60	3,15	2,95	-6,37	3,45	3,35	-2,9	3,80	3,67	-3,30
65	2,93	2,76	-5,86	3,20	3,08	-3,8	3,53	3,39	-3,97
70	2,77	2,63	-4,82	3,01	2,89	-3,8	3,33	3,20	-3,82
75	2,65	2,56	-3,39	2,87	2,78	-3,0	3,18	3,08	-2,97
90	2,50	2,50	0,00	2,70	2,70	0,0	3,00	3,00	0,00

Zu 6.1.8:

Es gilt das zu 6.1.7 Dargelegte entsprechend, die Bezüge sind jedoch [15.1 (1) bis (4)] und [Gl (282) bis (284)].

Begründung:

Wie bei 6.1.7 sind nach M. d. A. zugunsten der Vereinfachung der Formulierung die Unterschiede zwischen den Werten nach der Vereinfachung und denen nach der genauen Berechnung entsprechend der nachfolgenden Listung wirtschaftlich vertretbar. Die einfache mathematische Formulierung ergibt Nachteile, die in häufigen Winkelbereichen bei Stirnversätzen und bei Rückversätzen separat betrachtet bis zu etwa 25 % ausmachen können. Bei höher beanspruchten Versatzanschlüssen wird jedoch üblicherweise die Kombination von Stirn- und Rückversatz eingesetzt. Dann wird die Abweichung bei gesamtheitlicher Betrachtung geringer und der wirtschaftliche Nachteil wird üblicherweise bei 5 % bis 15 % liegen, was je cm Versatztiefe etwa 0,5 bis 1,2 mm ausmacht. Von daher scheint die erhebliche mathematische Vereinfachung im Interesse schneller, einfacher Bemessung sinnvoll.

Holz	**C24**			**GL24h**			**GL28h**		
$f_{c,o,k}$	21,0			24,0			26,5		
$f_{v,d}$	2,5			2,7			3,0		
$f_{c,90}$	2,0			2,7			2,7		
α	$f_{c,\alpha,DIN}$	$f_{c,\alpha,Näh.}$	Δ in %	$f_{c,\alpha,DIN}$	$f_{c,\alpha,Näh.}$	Δ in %	$f_{c,\alpha,DIN}$	$f_{c,\alpha,Näh.}$	Δ in %
0	21,00	24,79	18,03	24,00	28,36	18,16	26,50	31,31	18,15
5	20,66	22,38	8,31	23,70	25,59	7,96	26,06	28,25	8,41
10	19,67	20,11	2,21	22,77	22,97	0,91	24,77	25,37	2,42
15	18,14	17,98	-0,90	21,17	20,52	-3,06	22,76	22,66	-0,43
20	16,27	15,98	-1,75	19,04	18,22	-4,27	20,30	20,13	-0,85
25	14,31	14,12	-1,28	16,68	16,08	-3,55	17,74	17,77	0,15
30	12,47	12,40	-0,51	14,40	14,10	-2,08	15,36	15,58	1,43
35	10,86	10,82	-0,34	12,41	12,28	-1,01	13,30	13,57	2,02
40	9,51	9,38	-1,44	10,75	10,62	-1,23	11,60	11,74	1,18
45	8,42	8,07	-4,12	9,42	9,11	-3,22	10,22	10,08	-1,43
50	7,54	6,90	-8,44	8,36	7,77	-7,09	9,13	8,59	-5,85
55	6,84	5,87	-14,16	7,53	6,58	-12,62	8,26	7,28	-11,83
60	6,29	4,98	-20,85	6,88	5,55	-19,37	7,58	6,15	-18,90
65	5,86	4,22	-27,97	6,39	4,68	-26,71	7,05	5,18	-26,47
70	5,53	3,60	-34,91	6,01	3,97	-33,97	6,65	4,40	-33,86
75	5,29	3,12	-41,05	5,73	3,41	-40,47	6,36	3,79	-40,43
90	5,00	2,50	-50,00	5,40	2,70	-50,00	6,00	3,00	-50,00

Zu 6.1.9:
Da im Rahmen dieses Werkes nur ein Kippbeiwert $k_m = 1$ vorgesehen ist und nur Stäbe mit Rechteckquerschnitt behandelt werden, ist nach [10.3.2 (8)] für alle Stäbe mit Biegebeanspruchung die Grenze für $k_m = 1$ durch das Verhältnis zwischen der Holzbreite und Holzhöhe beschrieben. Zur weiteren Vereinfachung ist die Formulierung dieser Grenzbeschreibung nur von einem Parameter nach [E.3 (1)] und [Tab. E.2] abhängig gemacht. Die For-

mulierung liegt im Geltungsbereich dieses Werkes bei nur geringfügigen wirtschaftlichen Nachteilen bei der Bauteilbemessung „auf der sicheren Seite". Die Vereinfachung reduziert den Berechnungsaufwand erheblich.

Begründung:
Drastische Verminderung des Berechnungsaufwandes im Rahmen dieses Werkes durch Auswertung von [E.3] und [Tab. E.2] und Reduktion um nicht wesentliche Einflussgrößen zur sicheren Seite hin.

Beweis:
Vereinfachend wird auf der sicheren Seite liegend die Grenze beschrieben, bis zu der Kippbeiwert $k_m = 1$ ist:

Für Nadelvollholz und Brettschichtholz ist:

$$\frac{E}{G} \approx 16$$

eingesetzt in Formel [E.7] ergibt sich:

$$\ell_{ef} = \frac{\ell}{a_1 \cdot \left(1 - a_2 \cdot \frac{a_z}{\ell} \cdot \sqrt{\frac{E \cdot b^3 \cdot h \cdot 3}{12 \cdot G \cdot b^3 \cdot h}}\right)} = \frac{\ell}{a_1 \cdot \left(1 - a_2 \cdot \frac{a_z}{\ell} \cdot \sqrt{4}\right)}$$

mit $a_z = h/2$, d. h., die Last greift an der Trägeroberseite an, wird:

$$\ell_{ef} = \frac{\ell}{a_1 \cdot \left(1 - a_2 \cdot \frac{h}{2 \cdot \ell} \cdot \sqrt{4}\right)} = \frac{\ell}{a_1 \cdot \left(1 - a_2 \cdot \frac{h}{\ell}\right)}$$

mit $0 \leq a_2 \leq 1{,}74$ nach [Tabelle E.2] wird min $\left(1 - a_2 \cdot \frac{h}{\ell}\right) = \left(1 - 1{,}74 \cdot \frac{h}{\ell}\right)$

und so:

$$\ell_{ef} \leq \frac{\ell}{a_1 \cdot \left(1 - 1{,}74 \cdot \frac{h}{\ell}\right)}$$

eingesetzt in die Bedingungsgleichung für $k_m = 1$ nach [10.3.2 (8)] ergibt sich:

$$\frac{\ell_{ef} \cdot h}{b^2} \leq \frac{\frac{\ell}{a_1 \cdot \left(1 - 1{,}74 \cdot \frac{h}{\ell}\right)} \cdot h}{b^2} \leq 140$$

$$\rightarrow \text{erf}b \geq \sqrt{\frac{\ell \cdot h}{140 \cdot a_1 \cdot \left(1 - 1{,}74 \cdot \frac{h}{\ell}\right)}}$$

Q. e. d.

Die erforderliche Breite ist bei gegebener gewählter Höhe leicht zu bestimmen. Ggf. kann dann der Abstützungsabstand ℓ verändert werden, so dass gewünschte Verhältnisse konstruiert werden können. Da h/ℓ im Bereich des

„normalen" Holzbaus eine kleine Zahl ist, ist dort die Abweichung zur „sicheren Seite" hin gering.

Zu 6.1.9.1.1 bis 6.1.9.1.3:
Entspricht [10.2.6] und [Gl (53), Gl (54)].

Zu 6.1.9.2.1 bis 6.1.9.2.3:
Entspricht [10.2.7] und [Gl (55), Gl (56)], eine Vorbemessungsgleichung ist hinzugefügt.

Zu 6.1.9.3.1 bis 6.1.9.3.3:
Entspricht [10.3.3] und [Gl (71), Gl (72)], eine Vorbemessungsgleichung ist hinzugefügt.

Zu 6.1.9.4:
Das Verdrehmoment nach [8.4.3 (2), Gl (14)] ist zur Erinnerung erwähnt.

Entspricht:
- [10.2.9 (1), Gl (59)] für Rechteckquerschnitte,
- [10.2.9 (5), Gl (60)],
- [10.2.10 (1), (2), Gl (61)] für die definierten Rechteckquerschnitte,
- [10.2.11 (1), Gl (62)] für die definierten Rechteckquerschnitte.

Begründung:
Es wurde eine explizite Schreibweise gewählt, um die Handhabbarkeit zu erleichtern. Von den möglichen zusätzlichen Regeln, die in bestimmten Fällen günstigere Bemessungen ermöglichen, wurde im Interesse der Übersichtlichkeit kein Gebrauch genommen.

Zu 6.1.10.1:
Entspricht [11.2] und [Gl (144)] in Kombination mit [Gl (147a)]

Zu 6.1.10.2.1:
Entspricht unter den angegebenen Bedingungen [11.2] und [Gl (144) bis (146)].

Begründung:
Die Schreibweise ist deutlich besser handhabbar.

Zu 6.1.10.2.2:
Entspricht unter den angegebenen Bedingungen im Analogieschluss [11.4.3] und [Gl (162)].

Begründung:
Wurde aufgenommen, weil diese Verstärkung jeder Holzbaubetrieb ausführen kann. Die Schreibweise ist besser handhabbar.

Zu 6.1.10.2.3:
Entspricht unter den angegebenen Bedingungen [15.3] und [Gl (285)].

Begründung:
Wurde aufgenommen, damit für Zapfen eine einfach handhabbar Formulierung zur Verfügung steht. Ausgewählt für die definiten Formulierungen wurde der mittige Zapfen mit der kleinstmöglichen Zapfenhöhe, weil er der am häufigsten verwandte ist. Die Formulierungen reduzieren den Berechnungsaufwand drastisch.

Beweise:
Mit [Gleichung (146)] wird:

mit:
$30/2 \le c \le 60/2$ wird max $c = 30$ mm maßgebend
$\alpha = h_e/h = {}^2/_3$

$$k_{90} = \frac{k_n}{\sqrt{h}\cdot\left(\sqrt{\alpha\cdot(1-\alpha)}+0{,}8\cdot\frac{30\,\text{mm}}{h}\cdot\sqrt{\frac{1}{\alpha}-\alpha^2}\right)}$$

$$= \frac{k_n}{\sqrt{h}\cdot\left(\sqrt{\frac{2}{3}\cdot\left(1-\frac{2}{3}\right)}+0{,}8\cdot\frac{30\,\text{mm}}{h}\cdot\sqrt{\frac{1\cdot 3}{2}-\frac{2^2}{3^2}}\right)}$$

$$k_{90} = \frac{k_n}{\sqrt{h}\cdot\left(\sqrt{0{,}222}+0{,}8\cdot\frac{30\,\text{mm}}{h}\cdot\sqrt{1{,}055}\right)} = \frac{k_n}{\sqrt{h}\cdot\left(0{,}471+\frac{30\,\text{mm}}{h}\cdot 0{,}82\right)}$$

mit min$k_n = 5$:

$$k_{90} = \frac{5}{\sqrt{h}\cdot\left(0{,}471+\frac{30\,\text{mm}}{h}\cdot 0{,}82\right)} = \frac{1}{\sqrt{h}\cdot\left(0{,}0942+\frac{30\,\text{mm}}{h}\cdot 0{,}164\right)} = k_v \text{ da} \le 1$$

aus Gleichung (285) nach DIN 1052 wird mit:

$\beta = h_z/h_e = {}^1/_2$

$$k_z = \beta\cdot\left[1+2\cdot(1-\beta)^2\right]\cdot(2-\alpha) = \frac{1}{2}\cdot\left[1+2\cdot\left(1-\frac{1}{2}\right)^2\right]\cdot\left(2-\frac{2}{3}\right) = 0{,}333$$

beides eingesetzt in Gleichung (285) ergibt:

$$R_k = \frac{2}{3}\cdot b\cdot h_e\cdot k_z\cdot k_v\cdot f_{v,k} = \frac{2}{3}\cdot b\cdot h_e\cdot 0{,}333\cdot\frac{1}{\sqrt{h}\cdot\left(0{,}0942+\frac{30\,\text{mm}}{h}\cdot 0{,}164\right)}\cdot f_{v,k}$$

$$= \frac{b\cdot h_e}{\sqrt{h}\cdot\left(0{,}424+\frac{22{,}14}{h}\right)}\cdot f_{v,k}$$

$$\frac{V_k\cdot\sqrt{h}\cdot\left(0{,}424+\frac{22{,}14}{h}\right)}{b\cdot h_e} \le f_{v,k}$$

Qu. e. d.
Für $k_n = 6{,}5$ (Brettschichtholz) wurde entsprechend berechnet.

Zu 6.1.10.3.1:
Entspricht für die ungünstigsten Fälle entsprechend den angegebenen Fallunterscheidungen mit nur einem in der Höhe angeordneten Verbindungsmittel ($i = 1$) [11.1.5] und [Gl (139) bis (142)] und ist so auf der sicheren Seite für alle anderen Fälle, jedoch mit unwirtschaftlicherem Bemessungsergebnis verwendbar.

Begründung:
Das Konglomerat der Regelungsverschachtelungen wird pro definiertem Fall zu einer Bemessungsgleichung aufgelöst. Das reduziert den Berechnungsaufwand erheblich und die Illustration der Fallunterscheidungen vermeidet Irrtümer bei diesen.

Beweise:
Der Beiwert k_r nach [Gl(142)] wird durch die Setzung $i = 1$ zu seinem kleinst möglichen Wert $k_r = 1$. Damit nimmt $R_{90,d}$ nach Gleichung (140) DIN 1052 ebenfalls den kleinstmöglichen von k_r beeinflussbaren Wert an und liegt somit auf der „sicheren Seite". Mit steigender Anzahl der Verbindungsmittel übereinander wird die vereinfachte Formulierung zunehmend unwirtschaftlich.

Zu 6.1.10.3.2:
Entspricht unter den angegebenen Bedingungen im Analogieschluss [11.4.2] und [Gl (154)].

Begründung:
Wurde aufgenommen, weil diese Verstärkung jeder Holzbaubetrieb ausführen kann.

Zu 6.2.0:
Für die durch die Beschreibungen und Illustrationen definierten, scheibenartig beanspruchten Tafeln sind die infolge der Definitionen reduzierten Regeln nach [8.7.1 bis 8.7.7] in verkürzter, imperativer Formulierung zusammengefasst. Dabei wurden Möglichkeiten, die unter zusätzlichen Bedingung zu etwas wirtschaftlicheren Bemessungsergebnissen führen können, zugunsten der Einfachheit der Formulierungen und der Übersichtlichkeit nicht berücksichtigt. Die angrenzenden Regeln, welche die Verbindungsmittelanordnung betreffen, sind unmittelbar hinzugefügt. Dabei wurden auszugsweise die Regeln nach [12.5.3] mit denen nach [8.7.2 (5) bis (9)] kombiniert verwandt. Es wurde nur von Regeln Gebrauch genommen, die in den definierten Verweisungszusammenhängen die am einfachsten mögliche Bemessung ergeben.

Begründung:
In den nach M. d. A. weitaus überwiegenden Fällen führt die einfachst mögliche Bemessung der Holztafeln zu Ergebnissen, die nicht oder nur gering unwirtschaftlicher sind als bei aufwendigerer Bemessung unter Gebrauch der optionalen Möglichkeit. Der Vorteil durch die Reduktionen liegt nach M. d. A. in dem geringen Bemessungaufwand und der guten Übersichtlichkeit der Regeln.

Zu 6.2.1.1:
Entspricht unter Berücksichtigung der definierten Bedingungen [8.7.3] und den Regeln der technischen Mechanik. Die verbalen Regeln der Norm sind teilweise in Formeln gefasst.

Begründung:
Der reduzierte Anwendungsbereich zusammen mit den kompakten und zum Teil mathematischen Formulierungen erhöht die Übersichtlichkeit erheblich. Die Nachteile aus dem Verzicht auf Optionen sind nach M. d. A. gut vertretbar gering.

Zu 6.2.1.1:
Entspricht unter Berücksichtigung der definierten Bedingungen [8.7.4] und [8.7.5 (2), (4), (6), (7), (8)] und [8.7.6 (1) bis (3)] und den Regeln der technischen Mechanik. [8.7.6 (4)] ist in /I 3.3/ berücksichtigt. Die verbalen Regeln der Norm sind teilweise in Formeln gefasst.

Begründung:
Der reduzierte Anwendungsbereich zusammen mit den kompakten und zum Teil mathematischen Formulierungen erhöht die Übersichtlichkeit erheblich. Die Nachteile aus dem Verzicht auf Optionen sind nach M. d. A. gut vertretbar gering.

Zu 6.2.1.2.1:
Entspricht unter Berücksichtigung der definierten Bedingungen [8.7.4] und [8.7.5 (2), (4), (6), (7), (8)] und [8.7.6 (1) bis (4)] und den Regeln der technischen Mechanik. Die verbalen Regeln der Norm sind teilweise in Formeln gefasst.

Begründung:
Der reduzierte Anwendungsbereich zusammen mit den kompakten und zum Teil mathematischen Formulierungen erhöht die Übersichtlichkeit erheblich. Die Nachteile aus dem Verzicht auf Optionen sind nach M. d. A. gut vertretbar gering.

Zu 6.2.1.2.2:
Entspricht unter Berücksichtigung der definierten Bedingungen [8.7.5 (2), Gl (36)] und Teilen von [8.7.5] sowie den Regeln der technischen Mechanik. Die verbalen Regeln der Norm sind teilweise in Formeln gefasst.

Zu 6.2.1.2.3:
Entspricht unter Berücksichtigung der definierten Bedingungen [8.7.5 (3), Gl (37)] und Teilen von [8.7.5] sowie den Regeln der technischen Mechanik. Die verbalen Regeln der Norm sind teilweise in Formeln gefasst.

Zu 6.2.1.2.4:
Entspricht [10.6 (9), Gl (126].

Zu 6.2.2:
Entspricht für den definierten Anwendungsbereich [10.6 (1) bis (3)]. Von den Optionen [10.6 (4) bis (7)] wurde zugunsten der Übersichtlichkeit kein Gebrauch genommen, sich daraus ergebende, mögliche Nachteile sind nach M. d. A. oft nicht vorhanden oder vertretbar gering.

Zu 6.3.0:
Entpricht den relevanten [11.1.1 (3)] und den in diesem Werk relevanten Teilen von [11.1.4]. [11.1.1 (1)] und ist in /I 3.1/ berücksichtigt.

Zu 6.3.1.0:
Entspricht den relevanten Teilen von [12.3 (3)] und [12.5.2 (7)].

Zu 6.3.1.1 bis 6.3.1.3:
Die Regeln des gesamten Abschnittes [12], welche die Tragfähigkeiten der Verbindungen betreffen, sind in diesem Werk in veränderte mathematische Formulierungen gefasst, die entprechend folgenden Beweisen stets auf der sicheren Seite liegen und zum Teil nicht, zum übrigen Teil nur gering von den Berechnungsergebnissen nach [12] abweichen. Die erforderlichen Rechenwerte der Materialkenngrößen sind den Anhängen [F] und [G] entnommen und tabellarisch für die Werkstoffe im Geltungsbereich dieses Werkes zusammengestellt.

Begründung:
Die sehr umfänglichen Regelungen der Norm zur Ermittlung der Tragfähigkeit von stiftförmigen Verbindungsmitteln wurden durch die vorgenommene Reduktion erheblich vereinfacht. Damit ist eine entsprechend erhebliche verbesserte Handhabbarkeit gegeben. Die sich ergebenden, gegenüber den Bemessungsergebnissen nach der Norm nicht oder nur gering unwirtschaftlicheren Ergebnisse nach den Darlegungen des Autors sind nach M. d. A. zugunsten der besseren Handhabbarkkeit und bedeutend höheren Übersichtlichkeit gut vertretbar.

Beweise:

$$t_{\mathrm{req}} = A \cdot \sqrt{\frac{M_{\mathrm{y,k}}}{f_{\mathrm{h,k}} \cdot d}}$$

Setzt man für $M_{\mathrm{y,k}}$ und $f_{\mathrm{h,k}}$ die expliziten Ansätze ein, ergibt sich für Stifte in nicht vorgebohrten Löchern:

$$t_{\mathrm{0,req}} = A \cdot \sqrt{\frac{0{,}3 \cdot f_{\mathrm{u,k}} \cdot d^{2{,}6}}{c \cdot \rho_{\mathrm{k}} \cdot d^{-0{,}3} \cdot d}} = A \cdot \sqrt{\frac{0{,}3}{c}} \cdot \sqrt{\frac{f_{\mathrm{u,k}}}{\rho_{\mathrm{k}}}} \cdot d^{0{,}95}$$

bzw. in vorgebohrten Löchern:

$$t_{\mathrm{0,req}} = A \cdot \sqrt{\frac{0{,}3 \cdot f_{\mathrm{u,k}} \cdot d^{2{,}6}}{c \cdot \rho_{\mathrm{k}} \cdot d}} = A \cdot \sqrt{\frac{0{,}3}{c}} \cdot \sqrt{\frac{f_{\mathrm{u,k}}}{\rho_{\mathrm{k}}}} \cdot d^{0{,}8}$$

der Exponent von d sei mit D bezeichnet, mit $c \triangleq$ *Faktor* nach den Erläuterungen, siehe unten, ergibt sich für die verschiedenen Werkstoffe:

für Holz *Faktor* = 0,082; $\sqrt{\frac{0{,}3}{c}} = 1{,}91$

für Sperrholz *Faktor* = 0,11; $\sqrt{\frac{0{,}3}{c}} = 1{,}65$

vorgebohrt:
für Holz nach Gleichung (203) DIN 1052: *Faktor* = 0,082 · (1 – 0,01 · 12) = 0,072 min; $\sqrt{\frac{0{,}3}{c}} = 2{,}04$

für Sperrholz nach Gleichung (206) DIN 1052:
Faktor = 0,11 · (1 – 0,01 · 12) = 0,097 = min; $\sqrt{\frac{0,3}{c}} = 1,76$

und entsprechend für Durchmesser von 12 bis 24 mm:
für Holz nach Gleichung (203) DIN 1052:
Faktor = 0,082 · (1 – 0,01 · 24) = 0,062 min; $\sqrt{\frac{0,3}{c}} = 2,20$

für Sperrholz nach Gleichung (206) DIN 1052:
Faktor = 0,11 · (1 – 0,01 · 24) = 0,084 min; $\sqrt{\frac{0,3}{c}} = 1,89$

wird in den Gleichungen (192) bis (194) $\beta = 1$ gesetzt, so lassen sich für die verschiedenen Anschlusssituationen auch nach den Gleichungen (198) und (200) die oben mit A bezeichneten Multiplikatoren bilden bzw. entnehmen und daraus die in *Tabelle 14* mit T bezeichneten festen Werte errechnen, z. B.:

Holz-Holz, Seitenholz:

$$A = 1,15 \cdot \left(2 \cdot \sqrt{\frac{\beta}{1+\beta}} + 2\right) = 3,93 \text{ bzw. } A = 1,15 \cdot \left(2 \cdot \frac{1}{\sqrt{1+\beta}} + 2\right) = 3,93 \rightarrow$$

nicht vorgebohrt:

$$\text{für Holz: } T = A \cdot \sqrt{\frac{0,3}{c}} = 3,93 \cdot 1,91 = 7,51$$

damit lässt sich in Verbindung mit *Tabelle 14* die allgemeine Gleichung:

$$t'_{req} = t_{0,req} = T \cdot \sqrt{\frac{f_{u,k}}{\rho_k}} \cdot d^D \text{ anschreiben.}$$

Zur Berücksichtigung des Einflusses des Winkels zwischen Kraft- und Holzfaserrichtung wurde die Tragfähigkeit für den jeweiligen Winkel herangezogen und das Verhältnis zu der Tragfähigkeit bei dem Winkel $\alpha = 0$ gesetzt. Dieser Parameter ist mit $k_{\alpha,1}$ bezeichnet und in *Tabelle 17* angegeben, aus der Grundgleichung für die Tragfähigkeit der Stift $R_k = A \cdot \sqrt{2 \cdot M_{y,k} \cdot f_{h,k} \cdot d}$ folgt:

$$k_{\alpha,1} = \frac{R_{\alpha,k}}{R_{0,k}} = \frac{\sqrt{f_{h,\alpha,k}}}{\sqrt{f_{h,0,k}}} = \sqrt{\frac{f_{h,\alpha,k}}{f_{h,0,k}}}$$

Ungünstig angenommen ist hierbei, dass von dem angreifenden Holz die maximale Kraft eingetragen wird, also in diesem die Kraft parallel zur Holzfaserrichtung in den Stift eingetragen wird.

In dem Bereich, um den es sich hier handelt, lässt DIN 1052 den unmittelbar proportionalen Bezug zwischen Mindestdicke und Stifttragfähigkeit zu:

$$redR_k = \frac{t}{t_{req}};\ t \leq t_{req}$$

in Anlehnung daran wurde hier gesetzt:

$$t_{\alpha,req} = \frac{R_{0,k}}{R_{\alpha,k}} \cdot t_{0,req} = t_{0,req} \cdot \frac{R_{0,k}}{R_{0,k} \cdot k_{\alpha,1}} = t_{0,req} \cdot \frac{1}{k_{\alpha,1}}$$ und damit wird:

$$t_{\alpha,req} = T \cdot \sqrt{\frac{f_{u,k}}{\rho_k}} \cdot d^D \cdot \frac{1}{k_{\alpha,1}}$$

Qu. e. d.

Aus den [Gl (212) bzw. (220) und (214) bis (216)] ergibt sich:

für Stifte in nicht vorgebohrten Löchern wird:

$$R'_k = \sqrt{2 \cdot 0{,}3 \cdot f_{u,k} \cdot d^{2,6} \cdot Faktor \cdot \rho_k \cdot d^{-0,3} \cdot d} = \sqrt{0{,}6} \cdot \sqrt{Faktor} \cdot \sqrt{f_{u,k} \cdot \rho_k} \cdot d^{1,65}$$

$$R'_k = 0{,}775 \cdot \sqrt{Faktor} \cdot \sqrt{f_{u,k} \cdot \rho_k} \cdot d^{0,95}$$

mit:

$Faktor = 0{,}082$ für Holz und $Faktor = 0{,}11$ für Sperrholz

Es wird gesetzt: $0{,}775 \cdot \sqrt{Faktor} = k'_L$ und damit:

$$R'_k = k'_L \cdot \sqrt{f_{u,k} \cdot \rho_k} \cdot d^{1,65}$$

für Stifte in vorgebohrten Löchern wird pragmatisch abgegrenzt:
Stifte bis 12 mm Durchmesser:
für Holz nach Gleichung (203) DIN 1052:
$Faktor = 0{,}082\ (1 - 0{,}01 \cdot 12) = 0{,}072 = \min$
für Sperrholz nach Gleichung (206) DIN 1052:
$Faktor = 0{,}11 \cdot (1 - 0{,}01 \cdot 12)\ 0{,}097 = \min$
und entsprechend für Durchmesser von 12 bis 24 mm:
für Holz nach Gleichung (203) DIN 1052:
$Faktor = 0{,}082 \cdot (1 - 0{,}01 \cdot 24) = 0{,}062 = \min$
für Sperrholz nach Gleichung (206) DIN 1052:
$Faktor = 0{,}11 \cdot (1 - 0{,}01 \cdot 24) = 0{,}084 = \min$

mit $f_{h,0,k} = Faktor \cdot \rho_k$ wird analog zu vor:

$$R'_k = \sqrt{2 \cdot 0{,}3 \cdot f_{u,k} \cdot d^{2,6} \cdot Faktor \cdot \rho_k \cdot d} = \sqrt{0{,}6} \cdot \sqrt{Faktor} \cdot \sqrt{f_{u,k} \cdot \rho_k} \cdot d^{1,80}$$

und analog zu vor:

$$R'_k = k'_L \cdot \sqrt{f_{u,k} \cdot \rho_k} \cdot d^{1,80}$$

Der Exponent von d wird zur Variablen mit der Bezeichnung Z erklärt, und es ergibt sich für alle oben beschriebenen Fälle die einheitliche Gleichung:

$$R'_k = k'_L \cdot \sqrt{f_{u,k} \cdot \rho_k} \cdot d^Z$$

entsprechend den verschiedenen Anschlusssituationen und Werkstoffen wird der Faktor k'_L erweitert um entsprechende feste Multiplikatoren, die sich aus den Gleichungen (197) und den *Tabellen 11* und *12* nach DIN 1052 ergeben. Die so mit k'_L errechneten festen Werte sind als k_L zusammen mit Z in *Tabelle 14* angegeben.
Die zugehörige allgemeine Gleichung lautet:

$$R_k = k_L \cdot \sqrt{f_{u,k} \cdot \rho_k} \cdot d^Z$$

Qu. e. d

Die [Gl (222) bis (224)] haben alle das gleiche Grundmuster. Zudem sind die Mindestplattendicken in [Tab. 11] als ein Vielfaches von d ausgedrückt, wodurch sich $t = \text{mint} = t_{req}$ als Funktion von d angeben lässt. Aus Gleichung (226) der Norm folgt mit dem Faktor A aus [Tab. 11]:

allgemein:

$$R_k = A \cdot \sqrt{2 \cdot M_{y,k} \cdot f_{k,l,k} \cdot d}$$

mit:

$$M_{y,k} = 0{,}3 \cdot f_{u,k} \cdot d^{2,6}$$

für OSB- und kunstharzgebundene Spanplatten je Scherfuge:
außen liegend:

$$R_k = A \cdot \sqrt{2 \cdot M_{y,k} \cdot f_{h,l,k} \cdot d} = 0{,}8 \cdot \sqrt{2 \cdot 0{,}3 \cdot f_{u,k} \cdot d^{2,6} \cdot 65 \cdot d^{-0,7} \cdot 7^{0,1} \cdot d^{0,1} \cdot d}$$

$$R_k = 0{,}8 \cdot \sqrt{2 \cdot 0{,}3 \cdot 65 \cdot 7^{0,1}} \cdot \sqrt{f_{u,k}} \cdot d^{1,50} = 5{,}51 \cdot \sqrt{f_{u,k}} \cdot d^{1,50}$$

innen liegend:

$$R_k = 0{,}8 \cdot \sqrt{2 \cdot 0{,}3 \cdot 65 \cdot 6^{0,1}} \cdot \sqrt{f_{u,k}} \cdot d^{1,50} = 5{,}46 \cdot \sqrt{f_{u,k}} \cdot d^{1,50}$$

Die festen Werte werden zu Variablen k_L und Z nach *Tabelle 14* erklärt, woraus sich ergibt:

$$R_k = k_L \cdot \sqrt{f_{u,k}} \cdot d^Z$$

Qu. e. d

Zu *Tabelle 17:*
Die Anzahl der Verbindungsmittel mit einem Durchmesser von 8 und mehr Millimeter Durchmesser in Holzfaserrichtung hintereinander wurde pragmatisch auf 4 Stück beschränkt.

Begründung:
In den meisten Fällen ist damit bei einem gut konstruierten Anschluss auch die Bemessungstragfähigkeit des Holzes erreicht. Für die in DIN 1052 verschiedenen, unterschiedenen Fälle wurden die genauen Berechnungen ausgewertet und einfach zu handhabende Näherungsgleichungen gefunden, die auf der sicheren Seite liegen. Da die mathematische Darlegung hier den Rahmen sprengen würde, sind die zugrunde liegenden Kurvenscharen nachfolgend dargelegt.

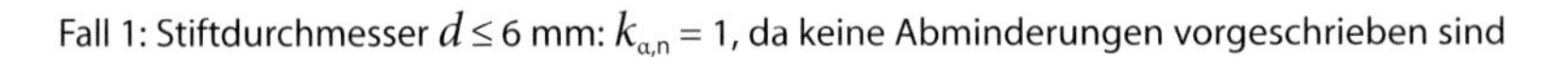

Fall 1: Stiftdurchmesser $d \leq 6$ mm: $k_{\alpha,n} = 1$, da keine Abminderungen vorgeschrieben sind

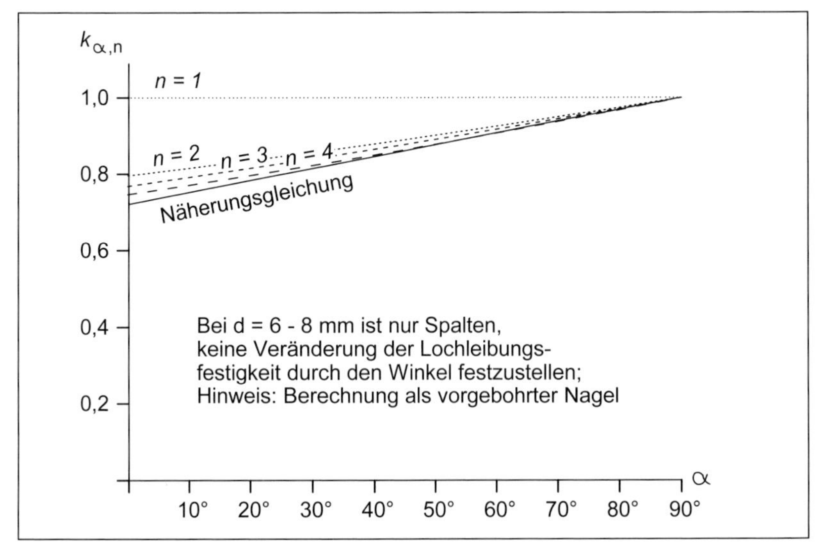

Bild B1: Fall 2: Abminderungen durch Anzahl der Stifte in Faserrichtung hintereinander für Nadelholz und für $2 \leq n \leq 4$ Stifte hintereinander und für 6 mm < d ≤ 8 mm
Beiwerte $k_{\alpha,n}$ für $d \leq 8$ mm für $2 \leq n \leq 4$
Vereinfachte Formel:

$0° \leq \alpha < 90°$: $k_{\alpha,n} = 0{,}72 + \alpha/333$

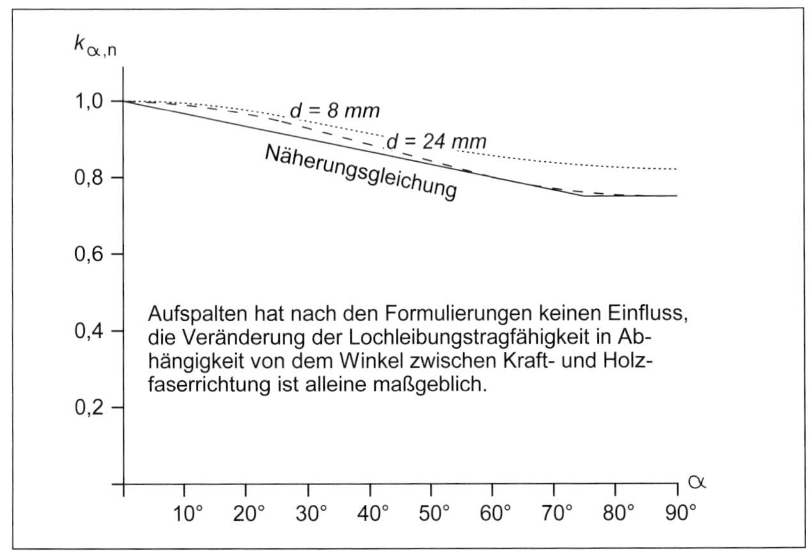

Bild B2: Fall 3: Abminderungen durch Winkel zwischen Kraft- und Holzfaserrichtung bei einem Stift in Faserrichtung für Nadelholz und für 8 mm < d ≤ 24 mm
Beiwerte $k_{\alpha,n}$ für $d = 8$ mm (obere Kurve) und $d = 24$ mm (untere Kurve) sowie nach vereinfachter Formel (Linienzug)
Vereinfachte Formel:

$0° \leq \alpha < 75°$: $k_{\alpha,n} = 1 - \alpha/320$
$75° < \alpha \leq 90°$: $k_{\alpha,n} = 0{,}76$

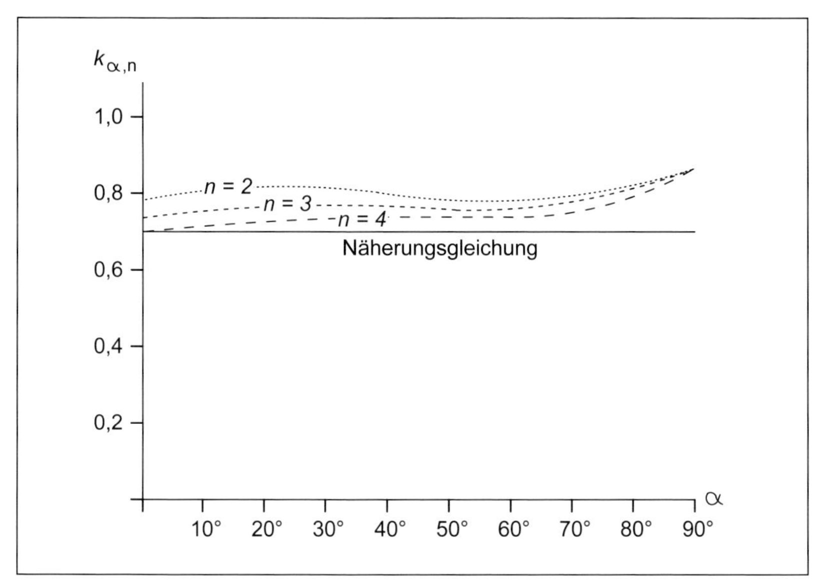

Beiwerte $k_{\alpha,n}$ für d = 8 mm

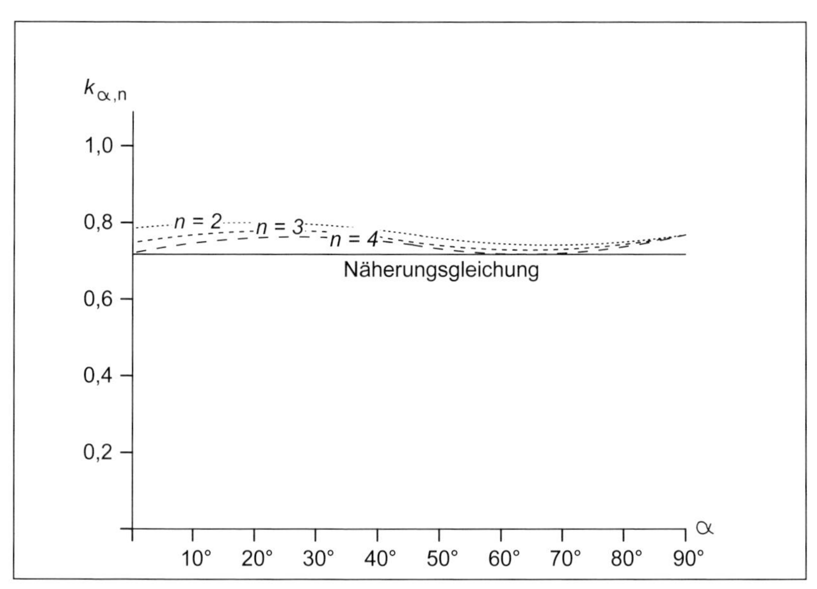

Beiwerte $k_{\alpha,n}$ für d = 24 mm

Bild B3: Fall 4: Abminderungen durch Winkel zwischen Kraft- und Holzfaserrichtung und Anzahl der Stifte in Faserrichtung hintereinander, für Nadelholz und für $2 \leq n \leq 4$ Stifte hintereinander und für 8 mm (oberes Diagramm) $< d \leq 24$ mm (unteres Diagramm) vereinfachte Formel:

$k_{\alpha,n} = 0{,}73$

Zu 6.1.3.4:
Die Angaben in Abschnitt [12] zur Anordnung der stiftförmigen Verbindungsmittel wurde ausgewertet und in Zeichnungen, welche die jeweils geltenden Bedingungen für deren Gültigkeit enthalten, dargestellt. Dabei wurden zum Teil auf der sicheren Seite liegende Vereinfachungen vorgenommen. Zum Teil wurden auch Varianten dargestellt, die unabhängig von den Winkeln zwischen Kraft- und Holzfaserrichtung gelten.

Begründung:
Die in den Zeichnungen enthaltenen vielfältigen normativen und geometrischen Bedingungen verbessern die Handhabbarkeit der Normenregelungen drastisch. Zudem wird dem Anwender eine zeichnerische Vorlage geboten, die ihm die zeichnerische Darstellung in seinen Plänen oder das Anreißen auf den Bauteilen gegenüber den Normdarlegungen drastisch erleichtert.

Beweise:
Beweise zu den zeichnerischen Darlegungen werden hier nicht geführt, weil sie aufgrund der Komplexität den Rahmen dieses Werkes sprengen würden. Der Anwender muss gegebenenfalls zur Überprüfung die Normenregelungen heranziehen.

Zu 6.3.1.5:
Die Regeln für die Ermittlung der Tragfähigkeit bei Beanspruchung auf Herausziehen wurde für Nägel, Sondernägel, Klammern und Holzschrauben zusammengefasst. Die Einflussgrößen wurden zum Teil reduziert und sie wurden zum Teil ausgewertet und zum Teil in Tabellen gefasst. Die Auswertungen wurden auf Rohdichten von Vollholz und Brettschichtholz beschränkt. Die Angaben entsprechen den für dieses Werk relevanten Teilen aus [12.8.1], [12.8.2] und [12.8.3]. Für nicht in einem rechten Winkel zur Holzfaserrichtung eingedrehte Holzschrauben wurde der ungünstigste Fall pauschal für alle Fälle zugrunde gelegt (Nachteil maximal 15 %).

Begründung:
Durch die Reduktion der Einflussgrößen infolge des Geltungsbereiches des Werkes sowie nach M. d. A. um wirtschaftlich nur allenfalls gering bedeutsame Optionen ergibt sich eine sehr kompakte, übersichtliche Darlegung, die die Handhabbarkeit erheblich verbessert.

Beweis zu [Gl (235)]:

$$\max \alpha = 45^\circ$$

$$\frac{1}{\sin^2 45^\circ + \frac{4}{3}\cos^2 45^\circ} = \frac{1}{1{,}167} = 0{,}86 \rightarrow \text{gesetzt } 0{,}85$$

Zu 6.3.1.6:
Ergibt sich aus den Regeln der technischen Mechanik.

Zu Bild 30:
Darstellung in Anlehnung an verschiedene Erläuterungen zu DIN 1052 sowie an bauaufsichtliche Zulassungen von selbstbohrenden Holzschrauben.

Zu 6.3.1.6:
Die Regeln aus [12.3 (8), Gl (209)], [12.5.4 (3), Gl (229)] und [12.6 (8), Gl (231)] wurden zusammengefasst.

Begründung:
Größere Übersichtlichkeit und kompakte Darlegung.

Zu 6.3.1.7:
Entspricht [12,9, Gl (237)] in expliziter Darlegung.

Zu 6.3.2:
Die Darlegungen zu den Verbindungen mit Dübeln besonderer Bauart wurden nach [13.3] unter Weglassung aller, sehr vielfältiger Optionen zur Verbesserung der Wirtschaftlichkeit verfasst. Zudem wurden nur runde Dübel berücksichtigt. Weiterhin wurden Vereinfachungen vorgenommen, die auf der sicheren Seite liegend die Bemessungsergebnisse gegenüber den Berechnungen nach der Norm nur geringfügig beeinträchtigen. Die für die Bemessung einer Verbindung notwendigen Rechenwerte von Kenngrößen sind in einer einzigen Tabelle zusammengefasst.

Begründungen:
Das schwerlich erschließbare Konglomerat der Regelungen ist durch die vorgenommenen Reduktionen und Vereinfachungen zu einer sehr gut übersichtlichen Darlegung verändert, ohne dass das normative Sicherheitsniveau angetastet wurde. Nach M. d. A. ist damit eine drastisch verbesserte Handhabbarkeit erreicht, die nur bei besonders gelagerten Fällen eine nennenswerte Minderung der Wirtschaftlichkeit der Verbindungsmöglichkeiten gegenüber den Normenregelungen ergibt.

Begründungen:
Nach den üblicherweise gegebenen Bedingungen beim Einsatz von Verbindungen mit Dübeln besonderer Bauart in der Praxis sind die vorgenommenen Reduktionen und Vereinfachungen nach M. d. A. nur gering wirtschaftlich relevant. Die dadurch erreichten Vereinfachungen der Darlegungen sind nach M. d. A. sehr gut wirtschaftlich vertretbar. Die erreichte Reduktion in der Darlegung überzeugt nach M. d. A. Die Einbaubedingungen unter Berücksichtigung der Reduktionen sind in einer Zeichnung zusammengefasst.

Beweise:
Die Richtigkeit der Tabellenwerte möge der Anwender mittels Anhang [G.4.2 bis G.4.10] verifizieren.

Die grafische Darstellung der Funktionen:

$$\frac{1}{(1{,}3+0{,}001\cdot d_c)\cdot\sin^2\alpha+\cos^2\alpha}\leq$$

in Bild B4 und

$$\frac{n_{\text{ef}}}{n}=\frac{\left[2+\left(1-\frac{n}{20}\right)\cdot(n-2)\right]\cdot\frac{90-\alpha}{90}+n\cdot\frac{\alpha}{90}}{n}\leq\eta$$

in Bild B5

beweist, dass η auf der sicheren Seite liegende Ergebnisse nahe bei den Ergebnissen nach Norm ergibt.

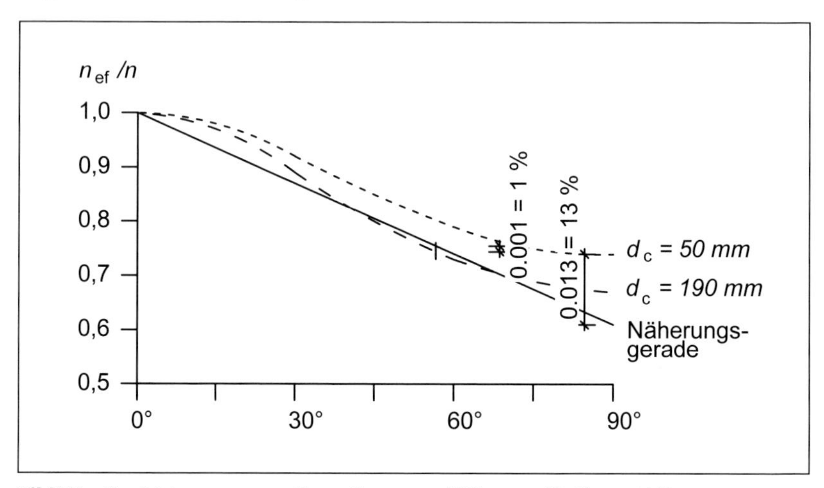

Bild B4: Vergleich von genauer Formulierung und Näherung für 0° < $\alpha \leq$ 90°.

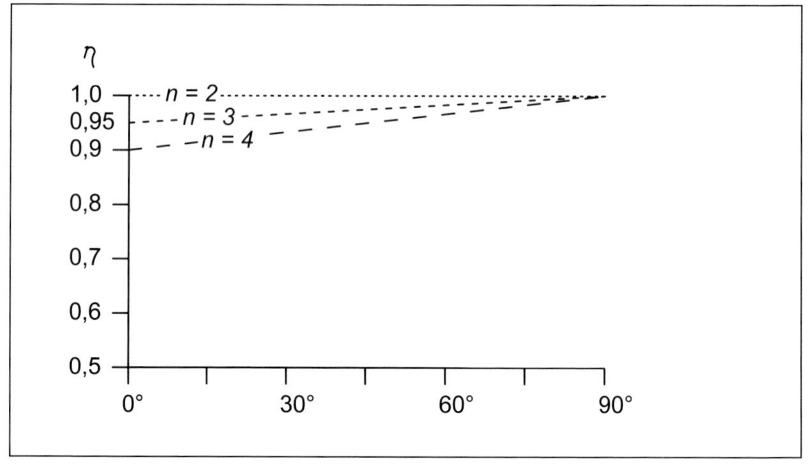

Bild B5: Vergleich von genauer Formulierung und Näherung für mehrere Dübel in Faserrichtung hintereinander.

Zu Bild 34:

Entspricht den im Rahmen dieses Werkes relevanten Angaben in [13.3.1 bis 13.3.3].

Zu 6.3.3:
Die Darlegungen entsprechen in modifizierter Form [13.3.4], es wurden Zusammenfassungen vorgenommen. Die Einbaubedingungen wurden zeichnerisch dargestellt.

Begründungen:
Schaffung einer kompakten Zusammenfassung.

Zu 6.3.4:
Entspricht [15.3] im Geltungsbereich dieses Werkes ohne Einschränkungen.

Zu 7.0:
Entspricht den im Rahmen dieses Werkes relevanten Auszügen aus [8.1 (1), (4)], [8.8.1 (6)], [8.8.2] und [8.8.3].

Zu 7.1:
Entspricht im Rahmen dieses Werkes [8.4.2 (4)] und [8.4.3 (6)].

Zu 7.2:
Entspricht der technischen Mechanik und [8.7.6 (4)].

Zu 7.3:
Fasst die im Rahmen dieses Werkes relevanten Regelungen nach [8.2], [8.3], [8.5.2], [8.4.2 (5), (8)], [8.4.3 (1), (9)] zusammen.

Zu 7.4:
Die Angaben in diesem Abschnitt des Werkes weichen grundsätzlich von den „Kann-", „Darf-" und „Soll-"Bestimmungen der Norm ab.

Begründung:
Die Definitionen sind qua Formelbezeichnung nicht überall eindeutig, z. B. in [9.2 (4) Gl (41) und Gl (42)]. Die Verwendung der Empfehlungen haben in der Praxis zu erheblichen Mängeln geführt, sei es aus Gründen der falschen Interpretation oder aus Gründen des zu gering deutlichen Ausdrucks der Aussageabsichten.

Zu 7.4.1:
Die vorgenommenen Definitionen lassen nach M. d. A. die Beschreibung aller für die Gebrauchstauglichkeit maßgeblichen Grenzzustände der baupraktisch relevanten Verformungen durch Addition oder Substraktion zu.

Zu 7.4.2.:
Entspricht [9.1 (1)] und erläutert [9.1 (1), (2)] aus der Sicht des Autors.

Zu 7.5.3:
Mangels offizieller oder offiziöser Verlautbarungen zu Grenzwerten der Gebrauchstauglichkeit, die dem Nutzungszweck entsprechend bezüglich der Gebrauchstauglichkeit mangelfreie Bauwerke erwarten lassen, unterbreitet der Autor Vorschläge. Diese Vorschläge können selbstverständlich erst durch Vereinbarungen zu verbindlichen Bemessungsvorgaben werden. Sie stellen nach M. d. A. sinnvolle Beschreibungen dar, die etwa das bisherige Niveau der Gebräuchlichkeiten bei Holzbauwerken und Bauteilen aus Holz abbilden. Der Nutzer des Werkes mag die Vorschläge als Anregungen für eigene Meinungsbildungen und letzendlich für eigene Vereinbarungen nehmen.

Schlussbemerkung zu dem Kapitel

Nach M. d. A. ist zum Zeitpunkt der Herausgabe dieses Werkes nur ein Angebot an Bemessungssoftware für Holzbauwerke oder Bauwerksteile in Holzbauart verfügbar, das bei Weitem nicht die in diesem Werk dargelegten und belegten Bemessungsangelegenheiten auch nur annähernd vollständig „erledigen" kann. Software, die die Formulierungen von DIN 1052:2008-12 auch nur halbwegs „komplett" abbilden kann, ist nach M. d. A. in näherer Zeit nicht zu erwarten. Damit wird das Problem der Lösung von Aufgaben bei der Tragwerksplanung von Holzbauwerken noch eine Weile in vielen Teilbereichen auf die Bearbeitung „von Hand" angewiesen sein. Zudem zieht jede Tragwerksplanung Prüfpflichten durch deren Verwender nach sich.

Es dürfte nur wenige Menschen geben, die Ergebnisse aus mehrfach verschachtelten Formeln, gespickt mit Winkel- und Exponentialfunktionen, noch halbwegs zutreffend abschätzen können.

Deswegen erhalten die in diesem Werk dargebotenen Reduktionen und Vereinfachungen eine – vielleicht nur temporäre, vielleicht auch dauerhafte – Bedeutung, weil die Nachweise „nach der Norm" vielerseits „von Hand" nur sehr aufwendig und schwerlichst überprüfbar erreichbar sind. Das Werk behandelt nur einen kleinen Ausschnitt aus der weitaus weitreichenderen DIN 1052. Es versucht die häufig benötigten Teilchen der Regelungen „von Hand" handhabbarer zu machen.

Kapitel III

Hinweise zu den Annahmen der Einwirkungen

1 Neues Sicherheitskonzept

1.0 Grundlagen

Es gilt für DIN 1052 das sogenannte „semiprobabilistische“ Sicherheitskonzept bzw. das Sicherheitskonzept mit Teilsicherheitsbeiwerten nach DIN 1055-100 „Grundlagen der Tragwerksplanung; Sicherheitskonzept und Bemessungsregeln“. Es wird dem Leser empfohlen, diese Norm vorliegen zu haben.

1.1 Das „alte“ Sicherheitskonzept

Bei dem „alten“ Sicherheitskonzept wurden die Lasten mit ihren tatsächlich zu erwartenden Werten angesetzt. (Nach dem „neuen“ Sicherheitskonzept heißen diese jetzt „charakteristische Werte einer Einwirkung“). Die Größen sind im Wesentlichen die gleichen wie „nach alt“. Mit diesen „Alt“-Lasten wurden die Schnittgrößen und Verformungen eines Tragwerkes berechnet. Die Schnittgrößen wurden dann „zulässigen Materialkennwerten“ und „zulässigen Kennwerten“ von Konstruktionselementen, z. B. Verbindungsmitteln (zulässige Spannungen, zulässige Kräfte usw.), gegenübergestellt. Sie durften nicht größer sein als die zulässigen Werte.

Die Verformungen wurden mit den Mittelwerten der Materialeigenschaften errechnet und zulässigen Verformungen gegenübergestellt, die sie nicht überschreiten durften. Kreuz und quer durch die Normen verteilt – insbesondere beim Holzbau – sind allerlei Angaben zu finden, die sich auf „zulässige Werte im Lastfall H“ beziehen, die bei der Berechnung des für den jeweiligen Fall „maßgebenden, zulässigen Wertes“ zu berücksichtigen sind oder berücksichtigt werden durften. Beim Holzbau betrafen diese, grob umreißend als „Abminderungen und Erhöhungen“ zu bezeichnenden Angaben:

- Lastart und Lasteinwirkungsdauer,
- Lastrichtungswechsel,
- Lastkombinationen (Lastfälle),
- Feuchte des Holzes und der Holzwerkstoffe,
- Einwirkungen von Feuer und Hitze.

Vollkommen ungenannt blieben die sogenannten „Sicherheiten“, die Abstände zwischen zulässigen Werten und zu erwartenden Versagens- bzw. Bruchwerten. Wo, wie, welche Sicherheiten in diesen Regeln berücksichtigt (verwurstelt könnte man auch sagen) waren, blieb zumindest dem Anwender im Dunkeln. Alle diese Einflüsse wurden nach „alt“ den „zulässigen Materialkennwerten“ zugeschrieben, obwohl sie zum Teil, z. B. Streuungen bei den Lasten, mit den Materialeigenschaften nichts oder nur teilweise zu tun haben.

1.2 Das Subsidiaritätsprinzip

Solange das räumlich und politisch begrenzt war auf die BRD, war dieser Zustand erträglich, weil:

- das gesellschaftlich gewünschte Sicherheitsniveau national eingegrenzt war,
- eine grenzüberschreitende Anwendung der Regeln von Wirtschaft und Politik für unwichtig erachtet wurde.

Mit den verschiedenen Stationen von der Montanunion zur EU hat sich diese Sicht verändert.

Die EU hat sich selbst das Prinzip der Subsidiarität verordnet. D. h. grob umrissen: Die EU-weit geltenden Regeln sind so zu verfassen, dass jedem Mitglied der EU bei der Umsetzung in nationales Recht die Möglichkeit gegeben sein muss, durch die Wahl von definierten „Klassen" die jeweilige Regel auf seine nationalen Bedürfnisse zuzuschneiden. Am Beispiel von Baustoffen ist dies einfach darstellbar (auch wenn es so ganz einfach nicht ist):

Eine EU-Norm enthält zehn Klassen an Werkstoffspezifikationen. Spanien und Frankreich lassen die Klassen x, y und z nicht zu, weil es dort Termiten gibt. Deutschland lässt die Klassen u, v und w nicht zu, weil ihm deren Ausdünstungen gesundheitsgefährdend erscheinen usw. Daraus ergibt sich, dass sich auch die Bemessungsnormen in das Prinzip einordnen müssen, auch wenn sie nicht so ganz unter die EU-Bauprodukten-Richtlinie fallen (Die Bemessung ist kein „Bauprodukt").

1.3 Das neue Sicherheitskonzept

Das neue Sicherheitskonzept folgt dieser EU-Grundkonzeption. Die vorliegenden Ergebnisse zeigen grundsätzlich zweierlei:

- Die Bemessung von Tragwerken ist wesentlich transparenter.
- Der Rechenaufwand ist größer.

DIN 1052 ist zwar keine EU-Norm (das ist für den Holzbau der Eurocode 5), aber entsprechend dem neuen Sicherheitskonzept abgefasst.

Tragsicherheit

Das neue Sicherheitskonzept geht bezüglich der Tragsicherheit von den tatsächlichen, sogenannten „charakteristischen" (Fußzeiger k) „Einwirkungen" und Materialkenngrößen aus.

Einwirkungen sind:

- Lasten (ständige, veränderliche, dynamische),
- Temperatur,
- Feuer,
- Umwelteinflüsse.

Materialkenngrößen sind:

- Festigkeiten,
- Verformungseigenschaften (Moduln, Kriecheigenschaften, Temperaturdehnung usw.),
- sonstige Dauerhaftigkeitseigenschaften.

Aus diesen Grunddaten werden mittels folgender Beiwerte „Bemessungswerte", Fußzeiger „d", errechnet, und zwar getrennt für die „Einwirkungsseite" „E" und die „Widerstandsseite" „X", d. h. Materialseite:

- Einwirkungsseite:
  γ_E: Sicherheitsbeiwert der Einwirkungen (Lastseite)
  Ψ, φ: Beiwerte zur Bestimmung kombinierter und/oder repräsentativer Werte
- Widerstandsseite (Material):
  γ_M: Sicherheitsbeiwert der Widerstände (Materialseite)
  k_{mod}: Modifikationsbeiwert zur Berücksichtigung von Materialveränderungen, beim Holz insbesondere durch Feuchte, z. B. Abnahme der Festigkeit mit zunehmender Feuchte.

2 Tragsicherheit

Die „Einwirkungen" E_d müssen kleiner als die „Widerstände" X_d sein, jeweils Bemessungswerte (Fußzeiger „d")! Die Grundgleichung lautet sehr einfach:

$$\sum (E_{k,j} \cdot \gamma_{E,j} \cdot \Psi_j) = E_d \leq X_d = X_k \cdot k_{mod}/\gamma_M$$

Ist E die charakteristische Last, drückt γ_E aus, um wie viel höher oder niedriger die maximal oder minimal zu erwartende Last anzunehmen ist, z. B. wegen Rohdichteschwankungen und zugleich größerer oder kleinerer Herstelldicken gegenüber dem Nennmaß und zugleich z. B. Feuchteschwankungen des Materials. Der Beiwert Ψ gibt bei „Lastkombinationen", die es baupraktisch immer gibt, an, wie das Zusammentreffen verschiedener Lasten eingeschätzt wird, z. B. wie wahrscheinlich es ist, dass Orkan und Erdbeben gleichzeitig einwirken, und wie wichtig dieses Zusammentreffen genommen wird. Im Prinzip gilt:

- je unsicherer die Einwirkungsannahmen sind und je größer das nationale Sicherheitsbedürfnis ist, umso höher und niedriger wird (größere Streuung) γ_E,
- je häufiger das Zusammentreffen verschiedener Einwirkungen eingeschätzt wird und je größer das nationale Sicherheitsbedürfnis, umso höher wird Ψ.

Die Beiwerte und die Regeln für deren Anwendung sind in DIN 1055-100 angegeben.

Auf der Widerstandsseite (Festigkeiten) ist X_k die „charakteristische" Festigkeit. „Charakteristisch" bedeutet auf der Materialseite „5 %-Quantilwerte". Der 5 %-Quantilwert ist der Wert, bei dem 5 % der Ergebnisse einer Probenmenge darunter und 95 % darüber liegen. k_{mod} drückt aus, wie sich X_k

durch die Einsatzbedingungen verändert, z. B. durch Feuchte. γ_M gibt an, wie groß die Streuung der Materialeigenschaften eingeschätzt wird. Hier gilt:

- k_{mod} ist auf naturwissenschaftlicher Grundlage festgesetzt worden,
- γ_M wird umso größer, je geringer die Zuverlässigkeit und Genauigkeit der Herstellverfahren und je geringer das nationale Vertrauen in diese ist. Dieser Beiwert ist also im Wesentlichen eine gesellschaftlich festgesetzte Größe.

Die Beiwerte und die Regeln für deren Anwendung sind generell in den bauartspezifischen Bemessungsnormen (Holzbau, Stahlbau usw.) angegeben.

Die Teilsicherheiten werden so ablesbar transparent. Die Nationen können mittels weniger Tabellenwerte ihre speziellen Sicherheitsbedürfnisse regelnd beschreiben, bei denen es EU-weit offenbar erhebliche Natur- und Mentalitätsunterschiede gibt.

Verformungen können auch für die „Grenzzustände der Tragsicherheit" maßgeblich werden. Sie werden daher dann auf Grundlage der „Bemessungswerte" der Einwirkungen E_d bestimmt, also unter Berücksichtigung der Sicherheitszuschläge auf der „Einwirkungsseite" und der „Widerstandsseite".

Bei der Bemessung wird mit „charakteristischen Widerständen", also bezüglich der Verfomungen auch mit „charakteristischen Moduln" (*E, G, K;* jeweils ohne Fußzeiger) gerechnet, die mittels des Teilsicherheitsbeiwerts γ_M gebildet werden. In Fällen von Verbundkonstruktionen aus verschiedenen Werkstoffen können abhängig von deren zeitabhängigem Verformungsverhalten (Kriechen) verschiedene Verformungszustände bemessungsrelevant werden. In solchen Fällen wird zumeist der „Anfangszustand" (Zeitpunkt $t = 0$; Fußzeiger „inst") und/oder der „Endzustand" (Zeitpunkt: $t = \infty$; Fußzeiger: „fin") maßgeblich. Die Materialveränderungen durch äußere Einwirkungen infolge von Feuchte oder Feuer werden mit den Verformungsbeiwerten k_{def} berücksichtigt.

3 Gebrauchstauglichkeit

Zu erwartende Verformungen werden für die „Grenzzustände der Gebrauchstauglichkeit" auf der Grundlage der „charakteristischen" Einwirkungen E_k berechnet, also z. B. aus den zu erwartenden Lasten ohne Sicherheitszuschläge auf der „Einwirkungsseite". Auf der „Widerstandsseite" werden die mittleren Rechenwerte der Verformungskenngrößen (Fußzeiger „mean") angesetzt. Damit werden die zu erwartenden Verformungen beim üblichen Gebrauch eines normenkonformen Bauwerks oder Bauteils gut wirklichkeitsnah berechenbar. Abweichungen der tatsächlich eintretenden Verformungen von den rechnerisch ermittelten sind in der Kumulation der Schwankungsbreiten von Belastungskonstellationen und Streuungen der Materialeigenschaften grundsätzlich zu erwarten und liegen qua Normung in dem vertretbaren Rahmen.

Für den Gebrauchszustand sind in DIN 1052, sehr kundenorientiert, keine höchst zulässigen Grenzwerte für Verformungen vorgegeben. Grundsätzlich sind die Grenzwerte für die Gebrauchstauglichkeit zu vereinbaren. Es werden zwar „Empfehlungen" für Grenzwerte gegeben, die allerdings nur in

Fällen von Gebäuden mit sehr geringen Anforderungen an die Formhaltigkeit, also mit sehr großen zulässigen Verformungen, als „Empfehlung" angesehen werden können. Der Bauherr kann und soll festlegen, was er mindestens haben will. Der Konstrukteur hat dementsprechend für die Einhaltung der vereinbarten Grenzwerte zu sorgen. In diesem Werk unterbreitet der Autor Vorschläge für Grenzwerte der Verformungen zur Vereinbarung, die sich an den bisherigen Holzbaugewohnheiten orientieren. Tragwerksplaner und Bauherr stehen in der Verlegenheit, etwas vereinbaren zu müssen, was der Bauherr, der es vorschreiben soll, nur in seltenen Fällen versteht, und der Tragwerksplaner, der es versteht, mit seinen, vom Bauherrn erwarteten Empfehlungen die Wünsche des Bauherrn zutreffend erahnen und ihm Vereinbarungsvorschlagswerte andienen muss.

4 Spezifizierung der Einwirkungen

4.0 Begriffe

DIN 1055-100 unterscheidet zwischen verschiedenen ***„Einwirkungen"***.
Im Rahmen des Werkes sind dies nur Lasten mit den Buchstaben-Bezeichnungen:
E = Lasten allgemein
G = ständige Lasten
Q = veränderliche Lasten

Diese werden durch Fußzeiger näher definiert:

1. Fußzeiger
k = charakteristischer Wert
d = Bemessungswert

2. Fußzeiger
inf = unterer Wert
sup = oberer Wert
rep = repräsentativer Wert

$G_{d,sup}$ bedeutet also z. B. „oberer Bemessungswert einer ständigen Last".

Zusätzlich, für die Verformungen, sind die Fußzeiger:
rare = selten
frequ = häufig
perm = quasi-ständig (permanent)
zu merken.

Die „Einwirkungen", hier also die Lasten, rufen ***„Auswirkungen"*** hervor, die „wie früher" mit den griechischen Buchstaben für Spannungen und den lateinischen Buchstaben für Kräfte bezeichnet werden:

- Schnittgrößen (Scher-/Druck-/Zugkräfte bei Verbindungsmitteln, Spannungen bei Bauteilen)
- Verformungen (Verschiebungen an Verbindungsstellen, Durchbiegungen und Verdrehungen bei Stäben, Stab- und Fachwerken).

4.1 Lastannahmen für die Tragsicherheit

… bedeutet Annahme der ***„Einwirkungen“*** (E_d), welche rechnerisch die größten ***„Auswirkungen“,*** also Beanspruchungen im Material, bewirken. Zunächst werden die „charakteristischen“ (Fußzeiger „k“) Lasten wie gehabt nach DIN 1055-1 bis DIN 1055-9 ermittelt. Aus diesen Lasten werden dann „Lastkombinationen“ unter Berücksichtigung der Teilsicherheiten auf der Lastseite und der Eintretenswahrscheinlichkeit der Kombination gebildet. Das Ergebnis ist der:

„Bemessungswert der Einwirkung“ „E_d“ (d = design).

Nachfolgend werden nur die einfachsten Regeln angegeben, die auf der „sicheren Seite“ liegen, jedoch zu etwas unwirtschaftlicheren Bemessungsergebnissen führen können.

Fall a: Nur eine veränderliche Last

Wenn nur eine veränderliche Last da ist, gilt schon vereinfacht:

$$G_{d,inf} = 0{,}9 \cdot G_{k,inf} \quad (1)$$
$$G_{d,sup} = 1{,}35 \cdot G_{k,sup} \quad (2)$$
$$Q_{d,1,sup/inf} = 1{,}50 \cdot Q_{k,1,sup/inf} \quad (3)$$

Macht man, weiterhin sicher vereinfachend, den Unterschied zwischen $G_{d,inf}$ und $G_{d,sup}$ zu einer veränderlichen Bemessungslast, ergibt sich:

$$\Delta G_d = G_{d,sup} - G_{d,inf} \quad (4)$$

und damit:

$$E_{d,sup} = G_{d,inf} + (Q_{d,1,sup} + \Delta G_d) \quad (5.1)$$
$$E_{d,inf} = G_{d,inf} + Q_{d,1,inf} \quad (5.2)$$

ständig veränderlich

Fall b: Mehrere veränderliche Lasten

Fall b1: sehr grobe Vereinfachung

Wirken alle veränderlichen Lasten in einer Ebene, kann man sehr stark vereinfachend verfahren, indem man alle veränderlichen Lasten $Q_{k,j}$ zusammenrechnet und sie zur einzigen veränderlichen Last $Q^*_{k,1}$ erklärt:

$$Q^*_{k,1} = Q_{k,1} + Q_{k,2} \ldots + Q_{k,j} \quad (6)$$

Mit $Q^*_{k,1}$ rechnet man dann wie für nur eine veränderliche Last (siehe vor Fall a). Sind veränderliche Lasten gegeben, deren Werte verschiedene Vorzeichen haben (z. B. bei Wind), müssen gebildet werden:

$$Q^*_{k,1,sup} = \Sigma\, Q_{k,j,sup} \quad (6.1)$$

und

$$Q^*_{k,1,inf} = \Sigma\, Q_{k,j,inf} \quad (6.2)$$

wobei in 6.2 normalerweise nur Windlasten und Lasten aus Stabilisierung anzuschreiben sind, weil alle übrigen, veränderlichen Lasten (Verkehr, Schnee) zu null (kleinste Last) werden.

Anschließend verfährt man entsprechend Fall a.

Fall b2:
Liegen mehrere, veränderliche Lasten vor, die nicht in einer Ebene wirken oder wenn man genauer rechnen will, kann man – immer noch stark vereinfachend – nach DIN 1052, Abschnitt 5.2 verfahren.

Weiter vereinfachend bildet man zunächst G_d und ΔG_d nach Gleichungen (1) bis (4). ΔG_d ist jeweils mit dem – bezogen auf die veränderliche Last – ungünstigeren Wert einzusetzen. Wird $G_{d,inf}$ maßgebend, so ist $\Delta G_d = 0$ zu setzen. Damit werden folgende Lastkombinationen gebildet:

$$E_{d,1} = G_{d,inf} + 1{,}5 \cdot Q_{k,1} + \Delta G_d \quad (7.1)$$
$$E_{d,2} = G_{d,inf} + 1{,}5 \cdot Q_{k,2} + \Delta G_d \quad (7.2)$$
$$E_{d,3} = G_{d,inf} + 1{,}5 \cdot Q_{k,3} + \Delta G_d \quad (7.3)$$
$$E_{d,j} = G_{d,inf} + 1{,}5 \cdot Q_{k,j} + \Delta G_d \quad (7.j)$$

und

$$E_{d,1\text{-}j,sup} = G_{d,inf} + 1{,}35 \cdot \sum Q_{k,j,sup} + \Delta G_d \quad (8.1)$$

und

$$E_{d,1\text{-}j,inf} = G_{d,inf} + 1{,}35 \cdot \sum Q_{k,j,inf} \quad (8.2)$$

ständig veränderlich

Es kann empfohlen werden, mit diesen Lastkombinationen noch keine Schnittgrößen zu berechnen, sondern grundsätzliche Überlegungen zur deren Maßgeblichkeit anzustellen, sonst erhält man einen Wust an Schnittgrößen, die ihrerseits jeweils bezüglich ihrer Bemessungs-Maßgeblichkeiten untersucht werden müssen.

4.2 Die k_{mod}-Komplikation

Wie bereits aus Grundgleichung für die Tragwiderstände ersichtlich, ist der Bemessungswiderstand:

$$X_d = X_k \cdot k_{mod}/\gamma_M \text{ [5.3]}$$

von dem Modifikationsbeiwert k_{mod} abhängig und dieser ist wiederum von der Nutzungsklasse (NKL) und von der Klasse der Lasteinwirkungsdauer (KLED) abhängig. Während die NKL für das Bauteil sich normalerweise nicht verändert, wirken Lasten mit verschiedenen KLED ein.

Es gilt [7.1.3]: *„Bei Lastkombinationen aus Einwirkungen, die zu verschiedenen Klassen der Lasteinwirkungsdauer gehören, gilt die Einwirkung mit der kürzesten Dauer als maßgebend."*

„Holt" man, nicht im Geiste der Erfinder des neuen Sicherheitssystems, das k_{mod} auf die Einwirkungsseite (Die „Widerstandsseite" gehört nicht zur „Einwirkungsseite", also konsequenterweise eigentlich nicht hierher.), wird:

$$E_d/k_{mod} \cdot X_k/\gamma_M$$

ergibt sich, dass (X_k/γ_M) eine Materialkonstante ist, die mit dem variablen Werte-Gebilde (E_d/k_{mod}) verglichen wird.

Diese systematische „Unsauberkeit“, die mathematisch jedoch korrekt ist, bietet den Vorteil, dass man aus (E_d/k_{mod}) unmittelbar die maßgebende Lastkombination ablesen kann, wenn E_d bzw. G_d bzw. Q_d, also die Bemessungswerte der Einwirkungen („Bemessungslasten“) direkt proportional zu den Schnittgrößen und Verformungen sind, was bei linear-elastischem Materialverhalten, wie es bei Bauteilen nach DIN 1052 angenommen werden darf, der Fall ist.

Maßgebend wird im Allgemeinen die Lastkombination, bei der (E_d/k_{mod}) am größten oder am kleinsten wird, (max/min (E_d/k_{mod}) maßgebend). Bei wechselnden Vorzeichen ist jede Belastungsrichtung gesondert zu betrachten.

4.3 Die k_{def}-Komplikation

k_{def} ist der Verformungsbeiwert („k“ = Beiwert, „def“ = deformation), der das Kriechen des Holzes und der Holzwerkstoffe unter Dauerlast als Rechenwert beschreibt.

Im Rahmen dieses Werkes sind Verformungen, die die Tragsicherheit betreffen, selten relevant.

Bezüglich der Gebrauchstauglichkeit sind für die plastischen Verformungen in Kapitel I, Abschnitt 7 jeweils spezifizierte Grenzwerte angegeben.

Die Bezüge zu den Belastungssituationen finden sich bei den Vorschlägen für die Verformungsbegrenzungen. Um die Arbeit zu erleichtern, sind dort auch als Hilfen die für die Gebrauchstauglichkeit jeweils maßgebende Bemessungssituation in Abhängigkeit von Klassen angegeben.

4.4 Lastannahmen für die Gebrauchstauglichkeit

4.4.1 Grundsätzliche Vorschläge

... bedeutet Annahme der Einwirkungen, bei denen gewünschte Verformungsgrenzen „w“ nicht überschritten werden sollen. Weil Verformungen im Allgemeinen nicht die Tragsicherheit eines Bauteils infrage stellen, werden sie aus den höchstwahrscheinlich tatsächlich auftretenden Lasten berechnet. Es wird normativ unterschieden in die Bemessungssituationen:

- ständig (Fußzeiger „G“)
- veränderlich (Fußzeiger „Q“)
- charakteristisch (selten) (Fußzeiger „rare“)
- quasi-ständig (Fußzeiger „perm“)
- letztendlich (Fußzeiger „fin“).

Bezüglich der Bemessungslasten werden unter „Einrechnung“ von k_{def} zum Teil virtuelle Lastgrößen, welche bei rein elastischer Berechnung die gleichen Verformungen ergeben, wie sie sich nach Abschluss des Kriechens rechnerisch ergeben, als Eingangsgrößen in die Verfomungsberechnung vorgeschlagen. Sie werden als nicht normierte Bezeichnung hier mit E_{def} bezeichnet. Der Fußzeiger „def“ („deformed“) drückt dies aus. Dies hat den Vorteil, dass übliche Stabwerksprogramme bei der Eingabe dieser Lastgrößen unmittelbar die Verformungen, gegebenfalls inklusive Kriechverfomungen, ausgeben:

- ständig:

$$E_{def,G} = G_{k,sup} \cdot (1 + k_{def}) \qquad (9)$$

- charakteristisch (selten): stark vereinfacht, indem φ_0 *(siehe DIN 1055-100)* für alle veränderlichen Lasten zu $\varphi_0 = 1{,}0$ gesetzt ist. Die Abweichung zur „sicheren Seite", also unwirtschaftlicheren Seite, ist unter „normalen Gegebenheiten" gering.

$$E_{def,rare} = \underbrace{E_{k,G,fin}}_{\text{ständig}} + \underbrace{\sum (Q_{k,j} \cdot (1 + \varphi_{2,j} \cdot k_{def}))}_{\text{veränderlich}} \qquad (10)$$

- quasi-ständig:

$$E_{def,perm} = \underbrace{E_{k,G,fin}}_{\text{ständig}} + \underbrace{\sum (\varphi_{2,j} \cdot Q_{k,j} \cdot (1 + k_{def}))}_{\text{aus veränderlich}} \qquad (11)$$

Die Vorschläge des Autors für Grenzwerte von Verformungen zur Vereinbarung gehen von teilweise anderen Beschreibungen der Grenzwerte als in DIN 1052 aus. Die Gründe dafür liegen in der Orientierung an den Bedürfnissen, die sich aus der Baupraxis ergeben. Ein wesentlicher Vorteil liegt darin, dass es Grenzwerte für jeden einzelnen Verformungswert gibt sowie nur jeweils einen Grenzwert für eine Summe von einzelnen Werten, nämlich die letztendlich größte Verformung („fin") gibt. Das schafft Übersicht und Transparenz, weil nicht verschiedene Summen und Differenzen begrenzt werden. Es werden der Bauwerksentwicklung entsprechend die Verformungen begrenzt von der Anfangsverformung aus ständigen Lasten:

$G_{k,sup}$ (Anfangsverformung aus Eigenlast)

oder

$E_{perm,inst} = E_{k,G} + \sum (\psi_{2,j} \cdot Q_{k,j})$ (Anfangsverformung aus quasi-ständiger Last)

Hinzu wird auf jeden Fall das Kriechen kommen, die plastische Verformung aus ständigen oder quasi-ständigen Lasten:

$$\Delta_{Edef} = E_{k,G} + \sum (\psi_{2,j} \cdot Q_{k,j} \cdot k_{def})$$

Zu diesen Verformungen kommen dann im größsten Beanspruchungsfall die Verformungen hinzu aus den veränderlichen Lasten oder den verbliebenen nicht-quasi-ständigen Anteilen der veränderlichen Lasten:

$$\Delta_{Edef} = E_{k,G} + \sum (\psi_{2,j} \cdot Q_{k,j} \cdot k_{def})$$

Summiert man diese aufgeführten Lasten, so erhält man die virtuelle Last, die die größte Verformung ergibt. Bei statisch unbestimmten Systemen lassen sich aus den einzelnen Ansätzen die Lastfälle bilden, die unter Berücksichtigung der veränderlichen Lasten die größten Verformungen ergeben. Zudem lassen sich mit den aus diesen Lasten ermittelten Verformungen ohne Weiteres die üblichen Verformungsfolgen und Grenzkombinationen bilden, wie sie für die Verformungsbeurteilung von Einbauten und deren Anschlüssen erforderlich sind.

4.4.2 Vereinfachende Fallunterscheidungen

Fall a: Nur eine veränderliche Last

Dieser Fall kommt vor bei:

- Decken (auch incl. „Trennwandzuschlag"),
- Treppen, Treppenpodesten,

wenn die Bauteile nicht zugleich Scheiben bilden oder zugleich Verbandsstäbe darstellen.

Die Vorschläge für eine Vereinbarung enthalten die erforderlichen Kriterien. Sie gehen bezüglich der Beschränkung des Schwingverhaltens bewusst alleine von der ständigen Last und nicht von der quasi-ständigen Belastung aus. Die Situation der ständigen Lasten kann im Streitfalle für (Nach-)Messzwecke unstrittig hergerichtet werden. Fest eingebaute, unbewegliche, nichttragende innere Trennwände können dabei vernachlässigt werden, weil sie aufgrund ihrer Steifigkeit die Eigenfrequenz der Decken in ihrem Einflussbereich erhöhen.

Fall b1: Zusammenfassung mehrerer veränderlicher Lasteneinwirkungen zu einer veränderlichen Lastsituation

Dieser Fall bietet sich an bei nahezu allen Bauteilen, bei denen:

- die Verformungen für die Bemessung maßgeblich werden,
- die etwas geringere Wirtschaftlichkeit bei der Bemessung akzeptabel ist.

Sind nur Wind und Schnee die veränderlichen Einwirkungen, wie es bei Dächern zumeist der Fall ist, und steht das Gebäude auf einer Höhe von weniger als 1.000 m über NN, ergibt der Ansatz der charakteristischen Einwirkungen von Wind und Schnee zugleich zwar in den meisten Fällen das bemessungsmaßgebliche Berechnungsergebnis, jedoch unterscheidet es sich ähnlich häufig nur gering von dem genauer ermittelten.

Optionale, einzelne, ständige Einbaulasten wie bewegliche Trennwände, Lagerregale (Bibliotheken), Tresore oder Ähnliches sollten bei der Beurteilung des Schwingverhaltens von Decken in ungünstiger Anordnung als ständige Lasten angenommen werden.

Bei Verformungen von stabilisierenden Bauteilen wie Verbänden oder Scheiben, auf die außer den Stabilisierungskräften weitere Einwirkungen Einfluss nehmen, wie zum Beispiel Dach- oder Deckenlasten wird die Begrenzung der räumlich-relativen Verformungen empfohlen.

Fall b2: Mehrere veränderliche Lasten, differenziert betrachtet

Bezüglich der diffenzierten Zusammenstellung und Berechnung der Einwirkungskombinationen muss hier auf DIN 1055-100 verwiesen werden. Diese sollten stets mit Angabe der maßgeblichen, kürzesten Klasse der Lasteinwirkungsdauer (KLED) gekennzeichnet sein, damit diese für die Bemessung klar ist. Schon bei Fällen mit wenigen veränderlichen Lasten, im Holzbau häufig sind zum Beispiel Einwirkungen aus Stabilisierung, Wind und Schnee, ergeben ohne auf der sicheren Seite liegende Vereinfachungen eine Menge, schon häufig neun, zumeist noch mehr Lastkombinationen. Nur mit erheblicher Erfahrung lassen sich die wenigen, letztendlich bemessungsmaßgeblichen Einwirkungskombinationen zuverlässig ohne Nachweise absehen.

Um die Berechnung und Bemessung in einem wirtschaftlich vertretbaren Rahmen zu halten, sollte der Planer im Vorfeld sorgsam bedenken, welche Aufwände sinnvoll vertretbar sind, und vor allem, welche Vereinfachungen im speziellen Fall nur geringfügig größere Bemessungsbeanspruchungen als die genaue Berechnung ergeben. Insbesondere bei Bauteilen mit komplexeren Anschlüssen, für die vielleicht noch verschiedene Varianten untersucht werden sollen oder wollen, sollten mittels Vorberechnungen und/oder zuverlässigen Abschätzungen vor Beginn der definiten Berechnung Entscheidungen zur Begrenzung des Aufwandes getroffen werden. Weitere Hilfen für die differenzierte Handhabung mehrerer veränderlicher Einwirkungen können aufgrund der Regelungsvielfalt in DIN 1055-100 in konditionaler Verbindung mit den zugehörigen, ebenfalls vielfältigen Regeln nach DIN 1052 hier leider nicht angeboten werden.

Sachwortverzeichnis